머릿속에 쏙쏙!
영양소 노트

머릿속에 쏙쏙!

영양소 노트

사이토 가쓰히로 지음　김단비 옮김

시그마북스
Sigma Books

머릿속에 쏙쏙! 영양소 노트

발행일 2021년 8월 12일 초판 1쇄 발행
지은이 사이토 가쓰히로
옮긴이 김단비
발행인 강학경
발행처 시그마북스
마케팅 정제용
에디터 이호선, 장민정, 최윤정, 최연정
디자인 고유진, 김문배, 강경희

등록번호 제10-965호
주소 서울특별시 영등포구 양평로 22길 21 선유도코오롱디지털타워 A402호
전자우편 sigmabooks@spress.co.kr
홈페이지 http://www.sigmabooks.co.kr
전화 (02) 2062-5288~9
팩시밀리 (02) 323-4197
ISBN 979-11-91307-65-8 (03590)

시작하며

매일 돌아오는 식사 시간은 먹는 이에게 즐거움을 안겨준다. 우리는 식사를 통해 맛있으면서도 건강에 좋은 음식물을 섭취한다. 음식물에는 신체 조직을 만드는 데 사용되거나 생명 활동을 유지하기 위한 에너지로 이용되는 영양소가 듬뿍 들어 있다.

도대체 '영양소'란 무엇일까? 인간이 살아가기 위해서는 에너지가 필요하다. 우리가 섭취한 음식물에는 탄수화물, 단백질, 지질이 포함되어 있으며, 이들 영양소는 소화 및 흡수 과정을 거쳐 에너지로 변한다.

그렇다면 에너지만 보충하면 충분할까? 건강한 생활을 위해서는 에너지 말고도 비타민, 미네랄 등의 미량 영양소, 미량 원소를 반드시 보충해야 한다. 게다가 소화기관의 원활한 활동을 돕는 식이섬유도 섭취해야 한다. 영양소에는 에너지원, 미량 영양소, 미량 원소까지 포함되며, 모두 우리 몸에 필요한 성분이다.

영양소는 부족함이 없어야 하지만, 그렇다고 해서 너무 많아도 질병을 일으킬 수 있다. 각종 영양소를 골고루 적당하게 섭취하려면 무엇을 주의해야 할까?

이 책은 이러한 문제를 간단하고 알기 쉽게 설명한 재미있는 책이다.

과학, 화학, 영양학처럼 어려운 내용은 다루지 않는다. 가벼운 마음으로 읽다 보면 영양소에 관한 지식이 머릿속에 쏙쏙 들어올 것이다.

이 책을 통해 3시간 만에 영양소를 완전히 이해하고, 그 지식이 여러분의 식생활에 도움이 된다면 더할 나위 없이 기쁘겠다.

사이토 가쓰히로

차례

시작하며　　　　　　　　　　　　　　　　　　　　　　　6

이 책에 등장하는 주요 영양소　　　　　　　　　　　　　13

제 1 장　　영양소란 어떤 물질일까?

01　영양이란 무엇일까?　　　　　　　　　　　　　　　18

02　영양소란 무엇일까?　　　　　　　　　　　　　　　21

03　영양소가 몸에 들어오면 어떻게 될까?　　　　　　27

04　영양소가 부족하면 어떻게 될까?　　　　　　　　31

05　칼로리란 무엇일까?　　　　　　　　　　　　　　34

06　칼로리와 다이어트는 어떤 관계가 있을까?　　　38

07　대사란 무엇일까?　　　　　　　　　　　　　　　42

제 2 장   우리 주위에 있는 3대 영양소

08 단백질은 어떤 영양소일까?   48

09 단백질은 무엇으로 이루어져 있을까?   51

10 단백질을 구성하는 '아미노산'이란 무엇일까?   55

11 단백질은 어떤 구조일까?   58

12 단백질이 질병을 일으키는 원인이 된다?   61

13 탄수화물이란 어떤 영양소일까?   64

14 당에는 어떤 종류가 있을까?   68

15 녹말과 셀룰로스는 무엇이 다를까?   73

16 왜 쌀은 익히면 부드러워질까?   77

17 지질이란 어떤 영양소일까?   81

18 몸에 좋은 지질과 나쁜 지질이 있을까?   83

19 트랜스지방은 몸에 해로울까?   87

20 핵산이란 영양소일까?   90

21 산성 식품과 염기성 식품은 무엇일까?   93

제 3 장   우리 주위에 있는 비타민과 미네랄

22 비타민이란 어떤 영양소일까?   98

23 비타민에는 어떤 종류가 있을까?   101

24 비타민이 부족하면 어떻게 될까?   106

25 비타민은 식물에만 포함되어 있을까?   108

26 호르몬이란 영양소일까?   110

27 미네랄이란 어떤 영양소일까?   114

28 미네랄은 어떤 것들에 포함되어 있을까?   117

29 미량 원소란 무엇일까?   120

30 연수와 경수는 무엇이 다를까?   123

31 비타민과 미네랄은 항산화 작용을 할까?   128

제 4 장   요리와 영양소

32 요리를 하면 식재료의 영양소가 변화한다?   132

33 식재료를 씻으면 영양소가 달아난다?   135

34 생선을 민물이 아닌 소금물에 씻는 이유는 무엇일까?   138

35 무딘 칼로 식재료를 자르면 영양소가 손실된다?   141

36 단백질을 가열하면 어떻게 될까?   144

37 고기는 구우면 딱딱해지지만
오래 삶으면 부드러워지는 이유는 무엇일까?   147

38 고기에 따라 포함된 영양소는 다를까?   150

39 탄수화물을 가열하면 어떻게 될까?   153

40 술은 당질의 변화를 이용해서 만들어진다?   156

41 지질을 가열하면 어떻게 될까?   159

42 소기름과 돼지기름의 차이는 무엇일까?   161

43 비타민을 가열하면 어떻게 될까?   163

44 미네랄은 조리법에 따라 변화할까?   165

45 냄비 요리의 떫은맛을 걷어내는 이유는 무엇일까?   167

46 산나물의 떫은맛을 제거하는 이유는 무엇일까?   **170**

47 부패와 발효는 무엇이 다를까?   **173**

제 5 장   질병과 영양소

48 왜 질병이 생기는 걸까?   **178**

49 영양소가 부족하면 질병에 걸리는 걸까?   **181**

50 질병에 걸리지 않으려면 어떤 영양소를 섭취하면 좋을까?   **184**

51 건강기능식품은 몸에 좋을까?   **187**

52 칼로리를 제한하면 오래 살 수 있을까?   **189**

53 질병에 걸렸다면 어떤 영양소를 섭취하면 좋을까?   **191**

54 건강에 해로운 음식물이란 어떤 것일까?   **194**

55 독이 들어 있는 음식에는 어떤 것들이 있을까?   **196**

56 왜 식중독이 생기는 걸까?   **198**

57 패류독소란 무엇일까?   **201**

제 6 장   생활 습관과 영양소

58 왜 콜레스테롤은 몸에 해로울까?   **206**

59 매일 차나 커피를 마시면 건강에 좋을까?   **209**

60 왜 숙취가 생기는 걸까?   **213**

61 술안주로 어떤 영양소를 섭취하면 좋을까?   **216**

62 어린이는 어떤 영양소를 섭취하면 좋을까?   222

63 고령자는 어떤 영양소를 섭취하면 좋을까?   225

64 생활습관병을 예방하려면 어떤 영양소를 섭취하면 좋을까?   229

65 1일 3회 식사는 건강에 좋을까?   233

66 간식으로 어떤 영양소를 섭취하면 좋을까?   238

67 왜 비만이 생기는 걸까?   241

참고문헌   246

5대 영양소

탄수화물

단백질

지질

비타민

미네랄

당류

글루코스

갈락토스

프럭토스

글루코스 / 프럭토스
수크로스

글루코스 / 글루코스
말토오스

글루코스 / 갈락토스
락토오스

단백질

구조단백질

효소단백질

수축단백질

저장단백질

방어단백질

운반단백질

기타 물질

활성산소

항산화물질

비타민 B₁   비타민 B₂   비타민 B₆   비타민 B₁₂   바이오틴

비타민 C   비타민 A   비타민 K

비타민 E   비타민 D

다량 미네랄

나트륨

칼륨

칼슘

마그네슘

미량 미네랄

아연

코발트

기능성 성분

폴리페놀

식이섬유

제 1 장

영양소란

·········

어떤 물질일까?

·········

01

영양이란 무엇일까?

우리는 평소 '이 음식은 영양 만점이다', '영양 부족이 걱정된다', '균형 잡힌 영양이다'처럼 '영양'이라는 단어를 무심코 사용하고 있다. 도대체 영양이란 무엇일까?

물질과 생명체는 어떤 차이가 있을까?

우리 몸은 근육과 뼈, 그리고 수분과 같은 '물질'로 구성되어 있다.

그러나 인간은 단순한 '물질'이 아닌 생명체, 다시 말해 생물이라고 자부할 수 있다.

그렇다면 물질과 생물은 어떤 차이가 있을까?

물질을 생물이라고 하려면 세 가지 조건을 충족해야 한다.

【생물의 세 가지 조건】

1. 세포로 이루어져야 한다.
2. 자신과 똑같은 생물을 만들어 낼 수 있어야 한다.
3. 자신의 생명을 유지하는 데 필요한 물질을 받아들일 수 있어야 한다.

인간이든 식물이든 생물은 모두 세포로 이루어져 있으므로 첫 번째 조건을 충족한다. 두 번째는 유전에 관한 조건이며, 이는 자명한 사실이다. 세 번째 조건도 당연히 충족한다고 생각하겠지만, 이것은 '영양'을 가리킨다.

영양의 의미

'영양'은 일반적으로 '영양 만점', '영양 부족'이라고 사용하는 경우가 많지만, 본래의 의미는 전혀 다르다.

영양이란 생물이 체외로부터 음식이나 음료와 같은 물질을 체내로 받아들이고, 에너지나 몸을 구성하는 성분을 만드는 등, 생명을 유지하는 데 필요한 일련의 활동을 말한다. 즉 영양이란 '활동'을 나타내는 말이다.

한편 영양소는 음식물에 포함된 '몸에 필요한 성분'을 말한다.

영양은 일반적으로 다음 세 가지 단계로 요약할 수 있다.

【'영양'의 세 가지 단계】

1. 음식이나 음료를 체내로 받아들이는 단계
2. 음식이나 음료가 화학적 소화를 통해 각종 영양소로 분해되는 단계
3. 영양소가 체내의 필요한 부분으로 운반되어 에너지원 혹은 신체 조직을 만드는 데 사용되는 단계

우리가 먹고 마신 음식물은 위에서 만들어진 위산에 의해 소화, 분해되고 장으로 운반되어 장에서 흡수된다. 흡수된 영양소는 혈류를 타고 온몸의 각종 장기, 뇌와 근육을 구성하는 세포로 보내진다.

① 음식, 음료를 체내로 받아들인다.

② 각종 영양소로 분해된다.
주로 소장에서 흡수된다.

③ 체내의 필요한 부분으로 운반되어 에너지원, 신체 조직을 만드는 데 사용된다.

　그리고 그곳에서 영양소가 유용하게 쓰이면 우리의 생명 활동이 원활하게 이루어진다.

영양이 주는 기쁨

우리는 가족이나 친구들과 이야기를 나누거나 음악을 듣고 그림을 감상하며 다양한 즐거움, 기쁨을 느낀다. 하지만 그보다 더 큰 기쁨을 느끼는 순간이 있다. 바로 맛있는 음식물을 먹고 마실 때다. 우리가 음식물을 섭취하는 이유는 영양소를 흡수하기 위해서만이 아니라, 요리를 맛보고 식사 자체를 즐기기 위해서다.

　영양은 생물이 살아가는 데 필요한 활동인 동시에 살아있음을 기뻐하고 감사하는 일이기도 하다.

영양소란 무엇일까?

생명 활동을 유지하려면 음식물을 통해 끊임없이 필요한 영양소를 섭취해야 한다. 그렇다면 영양소에는 어떤 종류와 기능이 있을까?

영양소란 무엇일까?

영양소란 음식물에 포함된 다양한 물질 중 우리 몸에 꼭 필요한 성분을 말한다.

영양소는 몸에 흡수되어 다음 세 가지 중요한 기능을 담당한다.

【영양소의 세 가지 기능】

1. 생명 활동을 유지하기 위한 에너지원으로 사용된다.
2. 신체 조직(근육, 혈액, 뼈 등)을 만든다.
3. 몸의 컨디션을 조절한다.

영양소의 종류

몸속에 들어와서 신체 조직을 만드는 기능 말고도, 에너지원으로 사용되는 영양소에는 세 가지 종류가 있다. 그것은 바로 **당질(탄수화물)**, **단백질**, **지질**이다.

이들을 특히 **3대 영양소**라고 한다. 동물이 몸을 구성하고 유지하려면 이 3대 영양소를 충분히 섭취해야 한다. 그래서 3대 영양소를 주요 **영양소**라고도 한다.

3대 영양소에 미량 영양소인 **비타민, 미네랄(무기질)**을 더한 것을 **5대 영양소**라고 한다.[1]

영양소의 기능

각종 영양소의 자세한 기능은 나중에 살펴보겠지만, 예비 지식으로 지금부터 간단하게 알아보도록 하자.

---

1 비타민과 미네랄은 몸의 컨디션을 조절하는 기능이 있지만, 체내 필요량은 소량이므로 이들을 특히 '미량 영양소'라고 한다.

당질(탄수화물)

당질은 우리 몸과 뇌를 움직이는 즉효성이 높은 에너지원이다.

당질이 부족하면 뇌에 필요한 영양소가 공급되지 못하고, 부족한 에너지를 보충하려고 몸속의 근육과 지방을 분해한다. 반대로 당질을 너무 많이 섭취하면 지방으로 바뀌기 때문에 당질의 과잉 섭취는 비만으로 이어진다.

단백질

단백질은 근육과 내장, 머리카락, 손톱 등 몸을 구성하는 영양소다. 그와 동시에 몸속에서 화학 반응을 촉매하는 효소로서 다양한 화학 반응을 촉진한다. 단백질은 체내에서 소화되면 아미노산으로 분해된다.[2]

지질

지질은 에너지원으로 사용될 뿐 아니라 세포 주위를 둘러싸는 세포막의 원료가 된다. 그러나 너무 많이 섭취하면 지방으로 축적되어 비만의 원인이 된다. 지질은 체내에서 글리세롤과 지방산으로 분해된다.[3]

---

2 인간의 단백질은 스무 가지 아미노산으로 구성되어 있다.
3 지방산의 종류는 다양하다.

비타민

비타민은 몸의 기능을 정상적으로 유지하는 데 꼭 필요한 영양소다. 체내에서 거의 합성되지 않기 때문에 식품으로 섭취해야 한다. 물에 녹는 수용성 비타민과 기름에 녹는 지용성 비타민으로 분류한다.

미네랄

미네랄은 미량 영양소지만 신체의 건강을 유지하는 데 꼭 필요하며 칼슘, 철, 나트륨 등이 있다. 미네랄이 부족하면 빈혈, 골다공증 등이 발생한다.[4] 체내에 많이 존재하는 다량 미네랄과 체내에 조금밖에 존재하지 않는 미량 미네랄로 분류한다.

우리 몸에 꼭 필요한 영양소

영양소 가운데 체내에서 합성되거나 저장되지 않는 게 있다. 이러한 영양소는 항상 음식물로 섭취해야 하며, 이들을 특히 **필수 영양소**라고 한다.

　필수 영양소에는 필수 아미노산, 필수 비타민, 필수 미네랄이 있다.

　이들 영양소의 기능은 체내에서 서로 관련이 있다. 각종 영양소는 생명을 유지하는 데 꼭 필요하다. 필수 영양소가 어느 하나라도 부족하면 다른 모든 영양소의 기능이 제대로 이뤄지지 않게 된다.

　따라서 모든 영양소를 골고루 충분히 섭취하는 게 중요하다.

4 　반대로 너무 많이 섭취한 경우에는 과잉증을 일으킨다.

필수 아미노산 1일 필요량(단위 mg : 1mg=1/1,000g)	
발린	1,560
류신	2,340
아이소류신	1,200
라이신	1,800
메티오닌	900
페닐알라닌	1,500
트레오닌	900
트립토판	240
히스티딘	600

필수 비타민 1일 필요량(단위 µg : 1µg=1/1,000mg)	
비타민 A	850µg
비타민 D	5.5µg
비타민 E	6.5µg
비타민 K	150µg
비타민 B_1	1.4mg
비타민 B_2	1.6mg
나이아신	15mg
비타민 B_6	1.4mg
비타민 B_{12}	2.4µg
엽산	240µg
판토텐산	5mg
바이오틴	50µg
비타민 C	100mg

필수 미네랄 1일 필요량(단위 mg)	
나트륨	600
칼륨	2,500
마그네슘	300
칼슘	600
인	1,000
셀레늄	0.03~0.05
아이오딘	0.13~0.27
크로뮴	0.01
몰리브데넘	0.025~0.013
망가니즈	3.5~4.0
철	7~16
구리	0.7~1.3
아연	8~12

영양소가 몸에 들어오면 어떻게 될까?

음식물에는 영양소가 포함되어 있다. 우리 몸은 어떻게 음식물로 영양소를 얻고 이를 이용하는 걸까? 영양소의 종류별로 그 흐름을 살펴보자.

음식물은 먼저 위에서 분해되고, 장에서 흡수되어 혈액으로 들어가 필요한 장기로 운반된다.

이 과정에서 어떤 것은 혈액 속이나 장기에서 더욱 분해가 진행된다. 최종적으로는 재구성되어 단백질이나 지질과 같은 몸을 구성하는 물질이 되고, 마지막까지 분해되면 이산화탄소와 물, 에너지로 변한다.

탄수화물

우리가 먹는 주요 영양소인 탄수화물은 녹말로 분류한다.

녹말은 **글루코스**(포도당)라는 단위체(단당류)가 수백, 수천 개 연결된 것으로 천연 고분자라고 한다. 녹말은 효소에 의해 글루코스로 분해되어 장에서 흡수된다.

흡수된 글루코스는 대사 과정을 거쳐 이산화탄소와 물, 에너지로 변한다.

지구상에 가장 많이 존재하는 탄수화물은 식물에 많이 포함된 셀룰로스지만, 인간에게는 셀룰로스를 분해하는 데 필요한 효소가 없으므로 셀룰로스를 에너지로 이용하지 못한다. 식이섬유로서 정장 작용에 이용할 뿐이다.

그러나 인간과는 달리 초식동물은 풀과 같은 식물을 먹으며 살아간다.

사실 초식동물에게도 셀룰로스를 분해하는 효소는 없다. 초식동물의 소화관 속에 셀룰로스를 분해할 수 있는 미생물이 살아서 셀룰로스를 분해하여 에너지로 이용할 수 있다.

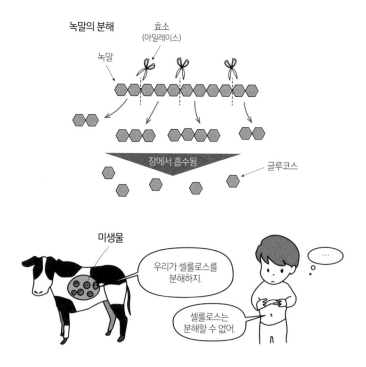

단백질

단백질도 천연 고분자의 일종이다. 단백질의 단위체를 **아미노산**이라고 하며, 인간의 단백질은 스무 가지 아미노산으로 구성된다. 각종 단백질은 고유한 구조를 가진 아미노산이 특정한 순서대로 배열된다.

단백질도 효소에 의해 **펩타이드**[1]나 아미노산으로 분해된 후, 장에서 흡수된다. 그리고 다시 인간에게 맞는 단백질로 재구성되어 몸을 구성하는 성분이나 효소가 되고, 더욱 분해되면 이산화탄소, 요소, 물과 에너지로 변한다.

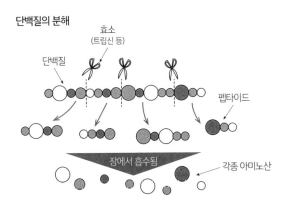

단백질의 분해
효소 (트립신 등)
단백질
펩타이드
장에서 흡수됨
각종 아미노산

지질

지질은 효소에 의해 **글리세롤**과 다양한 종류의 **지방산**으로 분해된다.

---

1 몇 개의 아미노산이 펩타이드 결합으로 연결된 화합물이며, 단백질도 펩타이드의 일종이다.

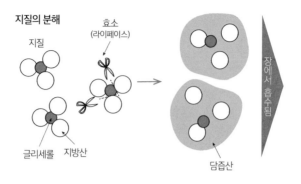

지질의 분해

지질

효소
(라이페이스)

글리세롤 지방산

담즙산

장에서 흡수됨

이후 체내에 있는 인산과 함께 재구성되어 세포막이 되고, 더욱 분해되면 이산화탄소, 물과 에너지로 변한다.

비타민과 미네랄

비타민은 분자가 작아서 그대로 흡수되어 각종 장기로 운반되며, 그곳에서 각 기관의 기능을 원활하게 한다.

　수용성 비타민은 많은 양을 섭취하더라도 소변으로 배출되지만, 지용성 비타민의 경우에는 너무 많이 섭취하면 체내에 축적되어 비타민 과잉증[2]을 일으킬 수 있다.

　미네랄도 그대로 흡수되어 뼈와 치아를 형성하거나 혈액과 근육을 구성하는 성분이 된다. 그리고 각종 장기로도 운반되어 각 기관의 기능을 원활하게 한다.

　그 밖에도 비타민이나 호르몬의 기능을 도와주는 작용을 한다.

2　비타민의 과잉 섭취가 원인이 되는 증상의 총칭. 균형 잡힌 식사를 하면 거의 발생하지 않으며 대부분은 비타민제를 과다 복용하여 발생한다.

04

영양소가 부족하면 어떻게 될까?

균형 잡힌 식사를 하고 칼로리도 충분히 섭취하지만 '영양실조'에 걸린 현대인들이 있다. 부족하기 쉬운 영양소를 확인하고 어떤 점에 주의해야 할지 생각해보자.

인간을 포함한 모든 동물은 어떤 형태로든 외부로부터 에너지를 생산하는 데 필요한 물질을 섭취하지 않으면 살아갈 수 없다. 극심한 기아가 지속될 경우에는 아사하게 된다.

그러나 현대 사회에서 발생하는 영양소 부족은 이러한 기아 상태가 아닌, 편식이나 우리 몸에 꼭 필요한 특정 영양소가 부족한 식사가 원인이 되는 경우가 많다. 이러한 상태를 일반적으로 **영양실조**라고 한다.

영양 결핍

영양실조 가운데 특히 몸을 움직이는 에너지가 부족한 상태를 **영양 결핍**이라고 하며, 일반적으로 기아라고 한다. 전 세계 인구 약 77억 명 중 약 6억 9,000만 명이 영양을 충분히 섭취하지 못하는 기아 상태에 놓여 있다고 한다(2019년 현재).

기아는 역사적으로는 이상 기후, 전쟁, 재해로 인한 식량 생산 부족이나 경제 체제의 붕괴로 발생했다.

하지만 현재는 세계 상태 안정화, 화학 비료의 일반화와 더불어 '녹색혁명'[1]에서 볼 수 있는 근대적 농업 개혁의 성공으로 이러한 극단적인 사례가 줄어들고 있다.

현대인들이 걸리기 쉬운 신종 영양실조

반면 현대 사회에서는 거식증, 과도한 편식, 다이어트로 인한 영양실조가 증가하고 있다. 특히 고령자나 과도한 편식에 의한 제한식 다이어트를 하는 사람들이 많이 걸리는 영양실조를 **신종 영양실조**라고도 한다.

예를 들어 아침, 점심, 저녁의 세 끼를 꼬박 다 챙겨 먹고 있지만, 총칼로리나 단백질 섭취가 부족한 고령자의 경우가 신종 영양실조에 해당한다.

한편 특정 영양소가 부족한 증상을 일반적으로 **결핍증**이라고 한다. 주요 결핍증에는 단백질 및 에너지 영양실조와 미량 영양소 영양실조가 있다. 특히 현대인들이 걸리기 쉬운 게 미량 영양소 영양실조다.

미량 영양소 영양실조는 필수 영양소지만 체내에 필요량은 소량인 비타민, 미네랄, 아미노산, 지방산 등이 부족하면 나타난다. 이러한 결핍은 다양한 질환으로 이어져 몸의 정상적인 기능을 손상시킨다. 예를 들어 비타민 결핍증은 각기병, 야맹증, 괴혈병으로 이어진다.

....

1 1940년대부터 1960년대까지 다수확 품종의 도입(품종 개량), 화학 비료의 대량 투입으로 곡물 생산성이 향상되어 곡물 수확량이 비약적으로 증가하게 된 것을 가리킨다.

21세기 현재는 선진국에서도 아연, 철, 아이오딘 및 비타민 A, 비타민 B 등의 결핍증이 발생하고 있어 문제로 인식되고 있다.

칼로리란 무엇일까?

'칼로리(cal)'는 에너지(열량) 단위로, 1칼로리는 물 1g의 온도를 1℃ 올리는 데 필요한 에너지다. 하루에 필요한 열량은 얼마나 될까?

기계를 작동시키는 데 전기 에너지가 필요한 것처럼 인간이 살아가려면 에너지가 필요하다. 우리는 영양소로부터 칼로리[1]를 얻으며, 지방은 1g당 9킬로칼로리(kcal), 탄수화물과 단백질은 1g당 4kcal의 열량을 낸다.

하루에 필요한 칼로리

하루에 필요한 칼로리는 다음 식으로 계산할 수 있다.

하루에 필요한 칼로리 = 1일 기초대사량 × 신체 활동 레벨 지수

기초대사량이란 인간이 살아가는 데 필요한 **최소한의 칼로리**를 말하며, 온종일 가만히 누워만 있어도 소비되는 열량을 나타낸다. 1일 기초대사량은 체중 1kg당 1일 기초대사량에 체중을 곱하여 구한다.

----

1 에너지는 '칼로리' 혹은 J(줄)이라는 단위로 나타내기도 한다. 1칼로리는 4.184J에 해당한다.

체중 1kg당 1일 기초대사량 기준과 신체 활동 레벨 지수는 다음 표와 같다.

체중 1kg당 1일 기초대사량 기준
단위 : kcal

나이(세)	남성	여성	나이(세)	남성	여성
1~2	61.0	59.7	15~17	27.0	25.3
3~5	54.8	52.2	18~29	23.7	22.1
6~7	44.3	41.9	30~49	22.5	21.9
8~9	40.8	38.3	50~64	21.8	20.7
10~11	37.4	34.8	65~74	21.6	20.7
12~14	31.0	29.6	75 이상	21.5	20.7

신체 활동 레벨	내용	지수
레벨 I	운동을 거의 하지 않고 앉아 있는 시간이 많은 사람	1.5
레벨 II	통근, 통학할 때 주로 서 있는 사람, 집안일이나 가벼운 운동을 하는 사람	1.75
레벨 III	서서 일하는 사람, 운동을 꾸준히 하는 사람	2.0

이 식과 데이터를 바탕으로 계산하면 다음과 같다. 자신이 하루에 어느 정도의 칼로리가 필요한지 꼭 계산해보길 바란다.

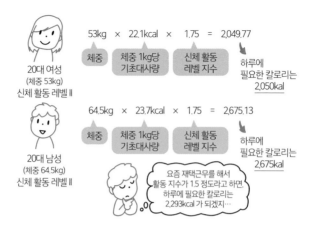

칼로리의 용도

섭취한 에너지(칼로리)는 다음 용도로 사용된다.

① 생명을 유지한다(기초대사)

기초대사는 호흡을 하거나 혈액을 순환시키고, 체온을 일정하게 유지하거나 내장을 움직이는 에너지다. 기초대사는 총에너지양의 70~80%를 차지하고 있다. 그리고 기초대사 중 약 50%는 근육에서 사용된다. 따라서 근육량이 적은 사람은 소비되는 에너지도 적다.

② 몸을 움직인다(활동대사)

활동대사는 일상생활이나 운동에 사용되는 에너지를 말하며, 활동량이 많은 사람일수록 사용되는 양도 많아진다.

③ 섭취한 음식물을 소화한다(식사유도성열대사)

식사유도성열대사는 소화를 위한 에너지로, 식사 중이나 식사 후에
몸이 따뜻해지는 것은 이 때문이다.

【다양한 행동별 소비 칼로리 기준】[2]

- TV, 음악 감상   31.5kcal
- 독서   47kcal
- 사무 업무   47kcal
- 식사   47kcal

- 입욕   47kcal
- 스트레칭, 요가   78.8kcal
- 걷기   94.5kcal
- 청소기 돌리기   110.2kcal
- 가구 이동하기   189kcal

---

2 체중 60㎏인 사람이 30분 동안 움직였을 때 소비되는 칼로리. 일본 후생노동성《건강 증진
을 위한 운동 지침 2006~생활습관병 예방을 위해서~》를 바탕으로 계산함.

06

칼로리와 다이어트는 어떤 관계가 있을까?

음식을 고를 때 칼로리를 따지는 사람도 많을 것이다. 칼로리와 다이어트는 어떤 관계가 있는지 알아보도록 하자.

100kcal의 에너지를 섭취해도 100kcal의 에너지를 소비하면 몸속에 칼로리가 남지 않는다. 그러나 섭취한 에너지가 다 소비되지 못하고 남으면, 그 에너지는 '지방'으로 바뀌어 몸에 저장된다.

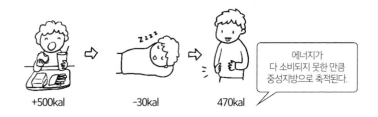

+500kal → -30kal → 470kal

에너지가 다 소비되지 못한 만큼 중성지방으로 축적된다.

지방 1kg을 빼려면

당신이 지금 체내에 축적된 지방 1kg(1,000g)을 빼겠다고 마음먹었다면, 어느 정도의 칼로리를 소비하면 될까?

지방 1g의 열량은 9kcal이므로, 지방 1kg을 빼기 위해서는 9,000kcal의 에너지를 소비해야 할까? 사실 지방 1kg을 빼는 데 필요한 에너지는 조금 더 적다.

인간의 지방은 '지방 세포'에 축적되어 있다. 지방 세포는 지방의 비율이 80%이고, 나머지 20%는 수분과 세포를 구성하는 다양한 물질이다. 결국 지방 세포의 80%를 차지하는 지방의 칼로리를 소비하면 된다.

그래서 체내에 축적된 지방 1kg을 빼는 데 필요한 칼로리는 9kcal ×1,000g×80%=약 7,200kcal가 된다. 즉 한 달 만에 지방 1kg을 빼기 위해서는 하루에 240kcal(7,200kcal÷30일)를 소비해야 한다.

살을 빼고 싶다면?

참고로 240kcal에 해당하는 음식물에는 '밥 한 공기', '도라야키[1] 1개', '발포주 큰 캔(500ml) 1개'가 있다.

240kcal를 소비하려면 '걷기로는 약 50분', '달리기로는 약 30분' 정도 운동을 해야 한다. 이러한 숫자를 항상 의식하며 생활한다면 다이어트는 의외로 쉬워질지도 모른다.

한편 앞에서 살펴본 것처럼 **몸의 기초대사가 원활해지면 소비되는 에너지가 증가**하므로 의식적으로 근육을 키워나가야 한다.

나이가 들수록 기초대사가 원활하지 못한 이유 중 하나로 근육량의 감소를 꼽을 수 있다. 근육량을 늘려 기초대사량을 높이는 게 중요하다.

한편 식사량을 줄이거나 과도한 식단 조절로 단백질이 부족해지면

---

1 밀가루, 달걀, 설탕을 섞은 반죽을 징 모양으로 구워서 두 장을 겹쳐 그 사이에 팥소를 넣은 일본식 과자 - 옮긴이

몸의 기능이 떨어져 근육량도 줄어들게 된다. 극단적인 칼로리 제한이 아닌 균형 잡힌 식사와 적당한 운동으로 근육량=기초대사량을 높이는 방법이 '살 빠지는 체질'을 만드는 지름길이라고 할 수 있다.

지방 1kg을 빼면 겉모습은 어떻게 변할까?

에너지를 7,200kcal 소비하여 지방 1kg을 빼면 겉모습은 어떻게 변할까?

통계적으로 표준 체격의 남성이라면 허리둘레 1cm가 줄어드는 정도의 변화가 일어난다. 지방은 밀도가 낮고 무게와 비교하면 부피가 크기 때문에, 우리 주위에 있는 것에 비유하면 500ml 페트병 2개와 유산균 음료 3.5개의 부피에 해당한다.

지방 1kg을 빼면 그만큼의 부피가 몸에서 빠져나간 셈이라서, 자신이 느끼는 체중보다 겉모습은 훨씬 날씬해 보일 것이다.

'제로 칼로리'는 0kcal가 아니다

최근 '제로 칼로리'라고 표기된 식품을 흔히 볼 수 있지만, 실제로 0kcal가 아닌 경우가 대부분이다. 500ml 페트병 음료라면 25kcal 정도일 것이다. 식품 100g당 5kcal 미만[2]일 때 '제로 칼로리'라고 표기가 가능하기 때문이다.

---

2 국내 기준은 100ml당 4kcal 미만이다. -옮긴이

참고로 식품은 100g당 40kcal 미만 음료는 100ml당 20kcal 미만일 때 '저칼로리'라고 표기할 수 있다.

대사란 무엇일까?

우리는 평소 '나는 대사가 원활하지 못하다', '대사를 높이려면 운동을 해야 한다'라는 말을 자주 접한다. 도대체 '대사'란 무엇일까?

생물은 외부로부터 영양소를 섭취하고, 이를 이용하여 자신의 몸을 구성하는 성분을 합성하거나 분해하여 생명 활동을 유지하기 위한 에너지원으로 사용한다. 어떤 경우든 섭취한 영양소는 체내에서 다양한 화학 반응을 일으킨다. 생체 내에서 일어나는 이러한 화학 반응을 **대사**라고 한다.

대사는 복잡한 화학 반응의 연속이며, 이를 물질적 변화라고 본 경우를 '물질대사', 에너지적 변화라고 본 경우를 '에너지대사'라고 한다.

물질대사

물질대사 과정에는 이화 작용과 동화 작용이라는 두 가지 종류가 있다.

① 이화 작용

복잡한 유기물을 보다 단순한 화합물로 분해하는 과정을 **이화 작용**이라고 한다. 소화나 흡수도 이화 작용이다. 구체적으로는 탄수화물이

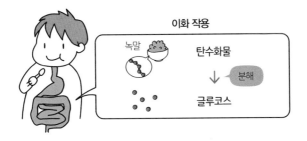

글루코스로 분해되는 과정, 단백질이 아미노산으로 분해되는 과정, 지방이 글리세롤과 지방산으로 분해되는 과정을 말한다.

이화 작용을 통해 만들어진 생성물 일부는 더욱 분해되어 에너지를 방출한다. 이 과정에서 생성물의 분자가 효소와 반응하여 이산화탄소와 물, 연소 에너지로 변하기 때문에 결과적으로는 연소와 같다.

그러나 몸속에서 연소가 일어나면 생체는 불에 타 죽고 만다. 그래서 이 연소 과정을 여러 단계로 나누어, 각 단계에서 각종 효소에 의해 에너지를 조금씩 얻는다.

이러한 과정을 거쳐 얻은 에너지는 ATP(아데노신삼인산)라고 하는 물질에 축적된다. ATP라는 분자를 분해하여 만들어진 에너지가 생물의 모든 활동에 사용된다.[1]

② **동화 작용**

동화 작용이란 이화 작용의 반대, 즉 작은 분자로부터 더 큰 분자를 합성해내는 과정을 말한다. 아미노산으로부터 단백질이 합성되는 반

---

1 쉽게 말하면 ATP는 몸속의 에너지와 교환할 수 있는 화폐와 같다.

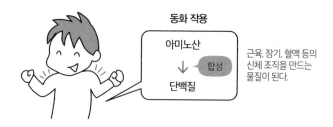

동화 작용

아미노산
↓ 합성
단백질

근육, 장기, 혈액 등의
신체 조직을 만드는
물질이 된다.

응 혹은 글리세롤과 지방산으로부터 지방이 합성되는 반응이 동화 작용이다.[2]

에너지대사

에너지대사에는 기초대사, 활동대사, 식사유도성열대사라는 세 가지 종류가 있다.

① 기초대사

호흡, 혈액의 순환, 체온조절, 연동운동, 근육의 긴장 등, 특별히 아무 것도 하지 않아도 생체의 기초 기능을 유지하기 위해 에너지를 소비하는 대사다.

② 활동대사

몸을 움직일 때 에너지를 소비하는 대사다.

----

2 이화 작용을 통해 만들어진 생성물 일부는 이 과정을 거쳐 큰 분자가 된다.

③ 식사유도성열대사

음식물을 섭취할 때 에너지를 소비하는 대사다. 음식물을 씹고 장에서 소화하거나 흡수하는 등 식사와 관련된 생체 기능에 따라 에너지가 소비된다.

제 2 장

우리 주위에 있는

. . . .

3대 영양소

. . . .

08

단백질은 어떤 영양소일까?

인간의 몸을 구성하는 물질 중 단백질의 비율은 15~20% 정도다. '근육을 키우기 위해서는 단백질을 섭취하는 게 좋다'고 알려져 있으며, 단백질의 역할은 그 밖에도 다양하다.

단백질은 3대 영양소 중 하나로 생명 활동에 매우 중요한 영양소다.

체중의 약 20%를 차지하며 혈액과 근육, 손톱, 머리카락 등, 몸을 구성하는 주요 성분이다.

게다가 효소로서 생명을 유지하는 데 꼭 필요한 생화학 반응을 제어하는 기능[1]을 하며, 에너지원으로 사용되기도 한다.

몸을 구성하는 단백질의 일부는 더욱 분해되어 우리가 섭취한 단백질과 함께 다시 만들어진다. 단백질을 만드는 재료 중에는 체내에서 만들어 낼 수 없는 필수 아미노산도 있으므로 매일 음식물을 통해 새로운 단백질을 보충해야 한다.

단백질의 종류와 기능

몸을 구성하는 단백질의 종류와 기능은 다종다양하며, 약 10만 가지 종류가 있다고 알려져 있다. 주요 단백질은 다음과 같다.

효소단백질

대사와 같은 화학 반응을 일으키는 촉매인 효소로
서 작용하는 단백질이다. 세포 내에서 정보를 전달하
는 다양한 역할도 한다.

　아밀레이스, 펩신, 라이페이스 등의 소화효소[1]가 있다.

구조단백질

생체 구조를 형성하는 단백질이다. 체내 단백질의 3분의
1은 콜라겐이라고 알려져 있다.

　콜라겐, 케라틴 등이 있다.

운반단백질

몸속에서 물질을 운반하는 기능을 하는 단백질이다.

　효소를 운반하는 적혈구 속의 헤모글로빈이나 혈액
속에 존재하는 지질을 운반하는 알부민, 콜레스테롤을
운반하는 아포지질단백질 등이 있다.

저장단백질

아미노산을 저장하기 위한 단백질이다. 달걀흰자 속에
포함된 알부민 등이 있다.

1　효소단백질인 소화효소는 음식물의 분해를 촉진하고 흡수를 **빠르게** 하는 작용을 한다.

수축단백질

운동에 관여하는 단백질이다. 필라멘트 구조이며, 서로 교차하면서 근육의 수축과 이완을 일으킨다. 세포 분열 과정에서는 세포를 2개로 나누어지게 하는 작용을 한다.

근육을 구성하는 근원섬유에는 액틴, 미오신 등이 있다.

방어단백질

면역 기능에 관여하는 단백질이며 항체라고도 한다. 면역 세포에 의해 만들어지는 글로불린이 이에 해당한다.

그 외의 단백질

시모무라 오사무 박사[2]가 해파리나 말미잘에서 발견한 형광 단백질 등이 있다.

이처럼 다종다양한 단백질이 있으며, 이들 단백질은 우리 몸에서 중요한 기능을 담당한다.

---

2 1928년 출생~2018년 사망. 발광생물 연구 분야의 일인자로 꼽히는 생물학자다. 해파리 유래의 녹색 형광 단백질(GFP)을 발견한 공로를 인정받아 2008년 노벨 화학상을 받았다.

09

단백질은 무엇으로 이루어져 있을까?

단백질은 고기뿐만 아니라 생선과 달걀, 낫토, 우유, 요구르트 등에 포함되어 있고, 우리 주위에서 흔히 볼 수 있다. 그렇다면 단백질은 도대체 무엇으로 이루어져 있을까?

단백질은 아미노산으로 이루어져 있다

단백질은 천연 고분자의 일종이다.

고분자란 그 이름처럼 분자량이 높은, 즉 분자량이 매우 큰 분자를 말한다.

그러나 단지 분자량이 크다고 해서 고분자라고 할 수 없다. 고분자는 작은 단위체가 수없이 많이 결합된 분자다.

고분자

단위체

쇠사슬을 떠올려 보자. 쇠사슬은 매우 길고 복잡하게 구부러져 있지만, 단순한 형태의 금속 고리가 연결되어 있을 뿐이다. 고분자는 이러한 쇠사슬을 가리키며, 단위체는 각각의 고리에 해당한다.[1]

---

1 고분자의 예로는 폴리에틸렌을 들 수 있으며, 에틸렌($H_2C=CH_2$)이라는 단위체가 수천 개나 연결된 분자다.

아미노산은 다음 그림과 같은 분자로 중앙에 있는 탄소(C)에 1개의 수소(H), 1개의 NH_2 원자단, 1개의 COOH 원자단, 그리고 기호 R로 나타낸 원자단이 붙어 있다. R의 차이에 따라 모두 스무 가지 아미노산이 존재한다.

그리고 스무 가지 아미노산이 특정한 종류, 개수, 결합 순서대로 연결된 것이 단백질이다.[2]

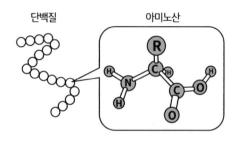

단백질의 특징이 악용된 사건

몸을 구성하는 3대 영양소인 단백질, 탄수화물, 지질 중 단백질만 가지고 있는 원소가 있다. 그것은 바로 아미노산에 포함된 **질소(N)**다. 다른 영양소와 단백질이 근본적으로 다른 점은 질소가 포함되어 있다는 것이다.

2010년에 단백질의 특징이 악용된 사건이 발생했다.

멜라민이라는 화학 물질이 섞인 중국산 분유가 전 세계로 수출되어, 이를 먹은 아기들이 심각한 피해를 보았다.

----

2 단백질의 종류에 따라 아미노산의 종류, 개수, 결합 순서가 정해져 있다.

멜라민은 다음 그림과 같은 분자로 가구의 표면을 씌우는 플라스틱 '멜라민 수지'[3]의 원료로 사용되는 물질이다.

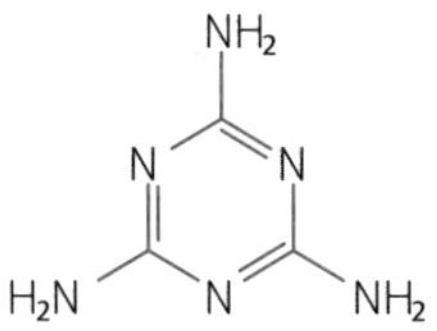

왜 그런 분유와는 상관없는 물질이 섞였을까?

사실 그 무렵, 중국에서는 우유에 물을 타 양을 늘려 판매하는 불법이 만연했다. 이에 중국 정부는 우유에 포함된 단백질의 양을 검사하게 되었다.

그러나 단백질의 양을 검사하는 일은 복잡한 작업이므로 쉽게 이루어지지 않는다. 그래서 간단한 방법으로서 우유에 포함된 질소(N)의 양을 검사하게 되었다.

멜라민의 구조를 살펴보면 분자 1개에 무려 질소(N) 원자 6개가 포함되어 있다. 즉, 물을 탄 우유에 멜라민을 넣으면 질소 함유량이 늘어나 마치 아미노산, 즉 단백질이 많이 들어 있는 것처럼 위장할 수 있었다.

----

3 멜라민은 질소 유기 화합물이며, 멜라민 수지의 원료가 된다. 멜라민 수지는 식기류나 뚜껑, 자동차의 내장재 등 이른바 플라스틱 제품에 많이 사용된다.

아미노산 균형 이론

아미노산은 단백질의 원료가 된다. 단백질을 만들기 위해 필요한 아미노산 중 어느 하나라도 부족하면 다른 아미노산을 충분히 섭취했더라도 단백질이 충분히 합성되지 않는다.

다음 그림처럼 통의 어느 하나가 짧은 판자로 되어 있으면 아무리 물을 넣어도 통의 위쪽 부분까지 물이 차지 않는다. 단백질을 합성할 때는 가장 적은 아미노산 부분까지만 활용되기 때문에 많이 섭취한 다른 아미노산은 아무 쓸모가 없다.

즉 아미노산 중 어느 하나를 많이 섭취해도 의미가 없으며, 균형 있게 섭취하는 게 매우 중요하다.

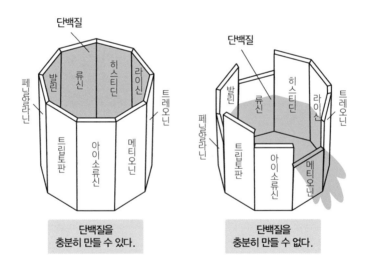

54

10

단백질을 구성하는 '아미노산'이란 무엇일까?

단백질은 아미노산이 연결되어 이루어진 천연 고분자다. 인간의 몸을 구성하고 있는 단백질의 종류는 10만 가지나 되며, 스무 가지 아미노산의 조합으로 만들어진다.

아미노산의 구조

단백질의 원료인 아미노산은 어떤 형태를 하고 있을까? 다음 그림은 아미노산의 입체 구조를 나타낸 것이다. 과연 L형과 D형의 차이는 무엇일까?

이는 왼손과 오른손의 차이와 같다.

양쪽 손을 거울에 비춰보면 똑같지만, 왼쪽 손과 오른쪽 손은 다르다. 이러한 관계를 거울상 이성질체 혹은 광학 이성질체라고 한다.

서로 거울상 이성질체인 L형과 D형의 화학적 성질은 완전히 같다.

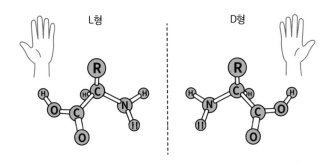

따라서 화학적인 방법으로 아미노산을 만들면 L형과 D형의 1:1 혼합물이 생겨 양쪽을 분리할 수 없다.

그러나 지구상의 자연계에 존재하는 아미노산은 극히 소수의 예외를 제외하면 모두 L형이다.[1]

L형과 D형의 차이

L형과 D형의 화학적 성질은 같지만, 사실 양쪽이 생물에게 주는 영향은 전혀 다르다. 극단적인 경우에는 한쪽은 약, 한쪽은 독의 성질을 지닐 수도 있다.

예를 들어 1957년에 팔이 없는 아기(해표지증[2])가 태어나는 '탈리도마이드 사건'이 일어났다.

탈리도마이드라는 화학 물질은 아미노산과 마찬가지로 거울상 이성질체인데, 한쪽에는 최면성이 있고 다른 한쪽에는 무서운 최기형성이 있었던 것이다.

이를 알지 못했던 제약회사가 L형과 D형 양쪽이 섞인 것을 수면제로 판매하면서 발생한 사건이다. 전 세계의 피해자는 3,900명이며, 일본에서도 309명이 피해를 보았다.

---

1 왜 그런 현상이 일어났는지는 아직 밝혀지지 않았다. 기본적으로 모든 사람의 심장이 왼쪽에 있는 것과 같은 이치다.

2 팔다리의 뼈가 없거나 극단적으로 짧아 손발이 몸통에 붙어 있는 기형. 선천 이상으로 모양이 바다표범과 비슷하다 하여 '바다표범손발증'이라고도 부른다. 임신 중에 탈리도마이드계(thalidomide系) 약품을 복용할 때 생기는 것으로 알려진다. ─옮긴이

우리 주위에서 L형과 D형을 잘 활용한 예시로는 '아지노모토'[3]가 있다.

이 조미료는 다시마의 조미 성분으로서 알려진 '글루탐산'이라는 아미노산을 원료로 한다. 이것은 바로 글루탐산의 L형을 활용한 것이다. 거울상 이성질체인 D형에서는 감칠맛을 느낄 수 없다고 한다.

---

3 글루탐산나트륨을 주성분으로 한 조미료(일본의 화학자이자 도쿄제국대학교의 교수였던 이케다 키쿠나에가 1908년에 다시마의 감칠맛 성분으로 추출하여 상품화함) - 옮긴이

11

단백질은 어떤 구조일까?

단백질은 우리 몸을 구성하고 면역 물질을 만들거나, 소화효소로서 영양소를 분해하는 작용을 한다. 이처럼 우리 몸에 꼭 필요한 단백질은 어떤 구조일까?

단백질의 형태, 구조는 매우 복잡하다. 단백질에는 수십만 가지 종류가 있는데, 각각 고유한 입체 구조를 이루고 있으며 4차 구조로 되어 있다.

와이셔츠를 예를 들어 생각해보자. 먼저 옷감에 형지를 대고 자른다. 그 자른 형태가 1차 구조다. 다음으로 이 옷감을 꿰매서 와이셔츠처럼 만든 게 2차 구조, 이를 정성스럽게 접은 게 3차 구조다. 이런 3차 구조의 와이셔츠가 두 장 이상 모인 게 4차 구조다.

1차　　　　2차　　　　3차　　　　4차

단백질의 1차 구조

단백질의 구조는 아미노산이 어떤 순서대로 연결되어 있느냐에 따라 결정된다. 아미노산이 결합한 것을 폴리펩타이드라고 하며, 이 결합

58

속의 아미노산의 순서를 단백질의 1차 구조 혹은 평면 구조라고 한다.

단백질의 2차 구조

폴리펩타이드는 특징적인 두 종류의 부분 입체 구조를 가지고 있다.

이를 나선형의 알파(α) 나선 구조와 평면형의 베타(β) 병풍 구조 혹

은 단백질의 2차 구조라고 한다.

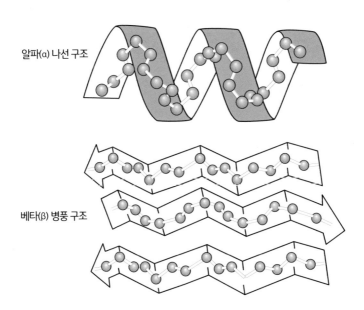

알파(α) 나선 구조

베타(β) 병풍 구조

단백질의 3차 구조

단백질은 알파(α) 나선 구조와 베타(β) 병풍 구조가 각 단백질의 고유한 순서대로 연결된 구조다. 이를 3차 구조라고 한다.

단백질의 4차 구조

보통의 유기 화합물이라면, 그 구조는 원자의 결합 순서를 나타내는 평면 구조(1차 구조)와 입체적인 형태를 나타내는 입체 구조(2차 구조, 3차 구조)로 끝난다. 하지만 단백질의 구조는 그것으로는 끝나지 않는다.

　그 예시가 혈액 속의 적혈구에 포함된 단백질, 헤모글로빈이다. 헤모글로빈은 단백질 4개의 집합체다. 단백질의 연결 방법은 규칙적이며 결코 '아무렇게나' 모인 게 아니다. 이를 4차 구조라고 한다.

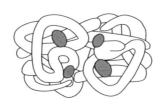

12

단백질이 질병을 일으키는 원인이 된다?

바이러스나 세균과 같은 병원체가 아닌, 단백질 이상이 원인이 되는 질병이 있다. 우리 몸을 구성하고 생명을 유지하기 위해 중요한 물질인 단백질이 질병을 일으킨다니 도대체 무슨 말일까?

단백질 이상으로 발생하는 광우병

1990년에 광우병이 사회 문제로 대두되었다. 광우병이란 소의 뇌에 구멍이 생겨 결국 죽게 되는 질병이다. 게다가 광우병에 감염된 소를 먹으면 사람에게도 전염되기 때문에 우리 정부는 광우병의 발원지인 미국으로부터 소고기 수입을 제한하는 등 엄청난 사회 문제로 떠올랐다.

광우병은 일반적인 전염병과는 근본적으로 다르다.

전염병의 경우에는 세균과 같은 미생물이나 바이러스 등, 질병을 일으키는 이상 물질이 존재하지만 광우병의 경우에는 그러한 이상 물질은 전혀 없다.

소의 체내에 존재하는 **프라이온**[1]이라는 단백질이 어느 닐 갑자기 입체 구조에 이상을 일으켜 늘어나는 것이다. 변형 프라이온이 늘어난 소에게는 광우병이 발병하며, 이상 행동을 보이나 똑바로 서지 못

---

1 'Prion'이라 단어는 단백질을 뜻하는 'protein'에서 pr을, 감염성을 뜻하는 'infectious'에서 i를, 입자를 뜻하는 접미사 -on을 붙여 만들었다. 단백질(protein)과 바이러스 입자(virion)의 합성어로 보는 견해도 있다. -옮긴이

알파(α) 나선 — 베타(β) 병풍

입체 구조가 변화

정상 형태

베타(β) 병풍이 늘어난다

이상 형태

하고 결국 죽음에 이르게 된다.

정상 프라이온에는 알파(α) 나선 구조가 많이 포함된 반면, 변형 프라이온에는 위 그림처럼 베타(β) 병풍 구조가 많이 포함되었다고 알려져 있다.

광우병의 전염

광우병의 원인이 되는 단백질의 비정상적인 입체 구조는 전염된다.

예를 들어 이런 변형 프라이온이 인공 사료를 통해 소의 체내로 들어가면 점점 정상 프라이온이 변형 프라이온으로 변한다. 이 구조에 대해서는 아직 밝혀지지 않은 부분도 많다.

광우병은 당초, 인간에게는 경구 감염되지 않는다고 알려졌다. 하지만 광우병에 걸린 짐승의 고기로 만든 사료를 먹은 고양이가 죽어서, 그 고양이를 해부해 봤더니 뇌에 구멍이 뚫려 있었다. 이를 근거로 먹이를 통해 광우병에 감염된 것으로 의심이 커지면서 소고기를 통한 감염도 의심하게 되었다.

그러나 전 세계에서 소의 뇌나 골수와 같은 조직을 가축 먹이에 섞으면 안 된다는 규제가 이루어진 결과, 전 세계의 광우병 발생은 발생 피크였던 1992년 약 3만 7,000마리에서 7마리(2013년)로 격감했다.

일본에서도 2003년 이후에 태어난 소에게는 광우병이 확인되지 않았다.

13

탄수화물이란 어떤 영양소일까?

탄수화물은 식물이 광합성에 의해 이산화탄소(CO_2)와 물(H_2O)을 원료로 하여, 태양광 에너지를 사용하여 합성한 것으로, 이른바 태양 에너지가 압축된 것과 같다.

초식동물은 식물(탄수화물)을 먹고 성장하며, 육식동물은 초식동물을 먹고 성장하기 때문에 생물은 간접적으로 태양 에너지의 은혜를 입고 있다고 할 수 있다.

탄수화물은 그 분자식이 마치 탄소와 물이 결합한 것처럼 보여서 이런 이름이 붙여졌다.[1]

탄수화물의 종류

탄수화물에는 다양한 종류의 화합물이 있으며, 다음 그림처럼 분류할 수 있다. 탄수화물 중 **식이섬유**인 셀룰로스를 제거한 것을 **당질**이라고 한다.

----

1 탄수화물의 분자식은 $C_mH_{2n}O_n$이며, $C_m(H_2O)_n$이라고 나타낸다.

당질의 기본, 즉 광합성으로 처음에 만들어지는 건 글루코스(포도당), 프럭토스(과당) 등의 단당류다. 단당류 분자 2개가 결합한 것을 이당류라고 하며, 수크로스(설탕), 말토오스(엿당) 등이 이에 해당한다.

그리고 단당류가 많이 결합하여 천연 고분자 물질이 된 것이 녹말이나 셀룰로스와 같은 다당류다.

셀룰로스는 글루코스로 만들어졌기 때문에 분해하면 글루코스가 되지만, 아쉽게도 인간에게는 셀룰로스의 분해 효소가 없으므로 셀룰로스를 에너지로 이용할 수 없다.

만약 미래에 셀룰로스 분해균이 비피두스균처럼 장 속에서 번식하게 된다면, 식물도 에너지원으로 사용할 수 있으므로 세계의 식량 사정은 크게 호전될 것이다.

영양소로서의 탄수화물

당질은 단백질, 지질과 함께 3대 영양소 중 하나다. 체내에서 대사 연소되면 1g에 4kcal의 에너지가 발생한다. 특히 섭취하고 나서 에너지가 되기까지의 시간이 짧기 때문에 스포츠나 힘을 쓰는 일 등, 에너지를 많이 필요로 하는 일을 하는 사람에게 꼭 필요하다.

인간이 하루에 섭취해야 하는 탄수화물은 총에너지 필요량의

50~70%를 목표로 해야 한다. 뇌의 대사를 고려하면 탄수화물의 최저 필요량은 하루에 100g 정도가 되는데, 그보다 적게 섭취해도 간이 저장해 둔 당으로부터 글루코스가 만들어지는 경우가 있다.

식이섬유는 음식물에 포함된 성분 중 인간의 소화효소에 의해 소화되지 않는 물질을 말한다. 즉 식이섬유는 소화 및 흡수되지 않은 채 소장을 지나 대장에 도달한다. 물에 녹지 않는 셀룰로스와 리그닌, 물에 녹는 펙틴, 알긴산 등이 있다.

식이섬유는 대변의 부피를 늘리는 재료가 되는 동시에, 장내 환경을 개선하는 기능을 하는 장내 세균에 이용되어 이들 균을 늘리는 작용을 한다. 따라서 변비 예방을 비롯해 정장 작용에 효과가 있다.

한편 혈당치 상승 억제, 혈액 속 콜레스테롤 농도가 줄어드는 효과도 기대할 수 있다.

최근 일본인의 평균 섭취량은 하루에 14g 전후라고 추정된다. 일본 후생노동성에서는 18~69세 남성의 경우 하루에 20g 이상, 여성의 경우 하루에 18g 이상을 섭취하도록 권장하고 있다.

조몬시대 사람들은 무엇을 통해 탄수화물을 섭취했을까?

조몬시대[2] 사람들은 밤이나 감자류 등에 도토리를 추가해 탄수화물원으로 사용했다고 한다.

---

2 기원전 1만 3,000년경부터 기원전 300년경까지 존재한 일본의 선사시대. 중석기에서 신석기에 이르는 시기로, 일본 역사의 큰 기초를 이룬다. 명칭은 이때의 대표적 유물인 조몬 토기에서 유래하였다. -옮긴이

많은 종류의 도토리에는 떫은맛을 내는 성분인 '타닌'이 포함되어 있어 그대로 먹을 수는 없지만, 물에 담가서 떫은맛을 제거하면 먹을 수 있다. 조몬시대 사람들의 유적지에서는 '도토리 저장 구덩이'가 많이 발견되었다.

일본인은 도토리를 탄수화물로서 쌀보다도 이전부터 먹었다.

14

당에는 어떤 종류가 있을까?

탄수화물에서 식이섬유를 제거한 물질이 바로 당질이다. 당질에도 다양한 종류가 있으며, 몇 개의 당 분자가 연결되어 있는지에 따라 분류한다.

단당류

단당류란 당류 중에서 분자가 하나뿐이고 화학적으로 더 이상 분해되지 않는 것을 말한다.

단당류가 복수 결합해서 이당류나 다당류가 된다.

이당류는 단당류 2개가 결합한 것, 소당류는 단당류 3~9개가 결합한 것, 다당류는 더 많은 단당류가 결합한 것이다. 소당류는 올리고당이라고 불린다.

단당류

- 하나의 분자
- 당류의 최소 단위

일반적으로 잘 알려진 단당류에는 글루코스, 프럭토스, 갈락토스가 있으며, 이들은 모두 탄소 원자 6개를 포함하고 있기 때문에 육탄당이라고 한다.

글루코스(포도당)

탄소 6개로 이루어진 전형적인 육탄당이다. 수크로스, 녹말, 셀룰로스를 비롯한 많은 이당류나 다당류의 원료가 되며, 가장 기본적이고 가장 중요한 당류다.

글루코스

글루코스는 동물의 기본적인 에너지원이며, '한 알 300미터'의 캐치프레이즈로 유명한 캐러멜인 '글리코'라는 이름의 어원이 된 것으로도 유명하다.

자연계에 존재하는 효모에 의해 글루코스 발효를 하고, 에탄올과 이산화탄소를 발생시킨다. 에탄올은 술을 만들 때, 이산화탄소는 빵의 발효에 이용된다.

프럭토스(과당)

과실의 단맛의 원료에서 유래해 이름이 붙여졌다. 글루코스와 결합한 이당류의 수크로스(설탕)가 된다. 프럭토스는 글루코스보다 단맛이 강하며, 온도가 낮을수록 단맛은 강하게 느껴진다. 과일을 시원하게 해서 먹으면 더 맛있는 것은 이 때문이다.

프럭토스

갈락토스

사람의 체내에서도 합성된다. 글루코스와 결합하여 이당류의 락토오스(유당)가 된다. 유제품이나 수박, 토마토, 발효 식품에 많이 포함되어 있다.

갈락토스와 관련된 질병에는 갈락토스 혈증이 있
다. 당대사 이상증의 하나로 갈락토스를 글루코스
로 변환하는 효소가 유전적으로 부족해서 발생한다.

주요 질병으로는 간 및 신장 기능 장애, 인지 장애, 백내장 등이 있
으며, 한시라도 빨리 발견하는 게 중요하다. 치료법은 식사에서 갈락
토스를 철저히 제거하는 것이다.

이당류

단당류 2개가 결합하여 만들어진 당류를 일반적으로 이당류라고 한
다. 대표적인 이당류에는 수크로스, 말토오스, 락토오스가 있다.

이당류

• 단당류 2개가 결합

수크로스(사탕수수당, 설탕)

수크로스는 글루코스와 프럭토스가 결합하
여 만들어진 이당류다. '수크로스'와 '사탕수
수당'이 정식 명칭이며, '설탕'은 일반 명칭이
다. 따라서 수크로스, 사탕수수당이라고 하
는 경우에는 순수품을 가리키지만, 설탕이라고 하는 경우에는 다양

한 불순물(감칠맛)이 섞여 있을 가능성이 있다.

설탕에도 다양한 종류가 있다. 설탕의 원료에는 사탕수수와 사탕무가 있는데, 일본에서는 거의 사탕수수를 사용한다.

사탕수수의 즙을 농축하면 결정과 결정이 되지 않는 걸쭉한 꿀이 만들어진다. 이를 원심분리기에서 분리하여 결정 부분만 추출한 것이 분밀당이며, 이를 정제한 것이 이른바 일반적인 설탕(정제당)이다.

설탕은 순도에 따라 쌍백당, 정백당, 액당으로 분류한다.

쌍백당의 입자를 작게 만든 것이 그래뉴당이다. 일반적으로 가정에서 사용되는 백설탕은 입자가 작은 그래뉴당에 전화당[1]을 첨가한 것이며, 삼온당은 설탕에 가열해서 태운 캐러멜 색소를 첨가한 것이다.

한편 꿀을 분리하지 않은 상태에서 정제한 것이 함밀당[2]이며, 가린토에 사용되는 흑설탕이나 고급 화과자에 꼭 필요한 일본 최고급 설탕인 와산본은 이에 해당한다.

말토오스(엿당)

글루코스 분자 2개가 결합하여 만들어진 이 당류다. 발아된 보리에 많이 포함되어 있어 이런 이름이 붙여졌다. 위스키, 맥주 등의 원

글루코스　글루코스

---

1 수크로스를 가수 분해하여 얻는, 포도당과 과당의 혼합물. 수크로스보다 소화 흡수가 좋기 때문에 과자나 식품을 만드는 데 쓰인다. -옮긴이
2 설탕 결정과 당밀을 함께 굳혀서 만든 제품을 통틀어 이르는 말. 백하당(白下糖), 적사탕, 흑사탕 따위가 있다. -옮긴이

료로 알려져 있다.

락토오스 (유당)

글루코스와 갈락토스로 만들어진 이당류다.
포유류의 젖에 많이 포함되어 있어 이런 이
름이 붙여졌다.

우유를 마시면 속이 불편해지는 유당불내
증은 유당을 분해하는 효소인 락타아제가 충분히 작용하지 않아서
나타나는 증상이다.

몽골에는 말의 젖으로 만든 마유주라는 술이 있다. 이것은 유당이
분해되어 생기는 글루코스의 알코올 발효를 이용하여 만든 것이다.
알코올 도수(부피 %)는 2~3도로 낮지만 증류하면 20% 정도가 된다.

당의 종류에 따라 흡수 속도가 다르다

음식물에 포함된 당은 최소 단위인 단당류까지 분해된 다음 흡수된
다. 따라서 탄수화물을 통해 섭취한 것인지, 다당류, 단당류를 통해
섭취한 것인지에 따라 흡수에 걸리는 시간이 달라진다.

혈당치의 급격한 상승을 억제하려면 당의 종류를 고려하여 흡수
시간이 좀 더 걸리는 것을 선택하거나 탄수화물보다 먼저 식이섬유
나 단백질, 지질처럼 흡수에 시간이 걸리는 것부터 섭취하도록 먹는
순서를 정하는 것이 효과적이다.

15

녹말과 셀룰로스는 무엇이 다를까?

녹말은 탄수화물로서 우리가 에너지원으로 사용하며, 셀룰로스는 식물의 주성분이다. 이들 모두 글루코스(포도당)로 이루어져 있는데, 녹말과 셀룰로스의 차이는 연결 방법, 결합 방법에 있다.

식물의 세포벽을 만드는 셀룰로스

동물과 식물은 세포라는 상자가 많이 쌓여서 만들어졌다. 상자는 세포막이라는 부드러운 막으로 구성된다. 그래서 세포를 쌓아서 만든 몸은 유연하고 부드럽다. 이는 문어와 같은 연체동물의 몸이 물컹물컹한 이유다. 그러나 많은 동물은 그래도 자립할 수 없기 때문에 단단한 뼈로 골격을 만들어 몸을 지탱하고 있다.

그러나 식물은 골격이 없다. 하지만 나무는 크게 자라서 단단한 수목이 된다. 그것은 무엇 때문일까?

식물은 세포막의 외측에서 한층 더 단단한 벽을 만들고 있다. 이를 세포벽이라고 한다. 그 덕분에 식물의 세포는 쌓이면 단단하고 튼튼한 블록이 된다. 이 세포벽을 만들고 있는 물질이 셀룰로스다.

녹말과 셀룰로스의 차이는 연결 방법

지금부터 글루코스 분자를 학생들에 빗대어 설명하겠다.

교실에서 학생들 전원에게 양손을 잡고 옆으로 줄을 서게 한다고 가정해보자.

먼저 한 학급의 학생들에게는 오른손과 왼손을 잡고 줄을 서게 한다. 전원이 같은 방향을 보고 늘어서게 말이다. 이것이 녹말의 연결 방법이다.

다음으로 다른 학급의 학생들에게는 오른손과 오른손, 왼손과 왼손을 잡게 한다. 그렇게 하면 한 사람 걸러 반대 방향을 보는, 즉 거

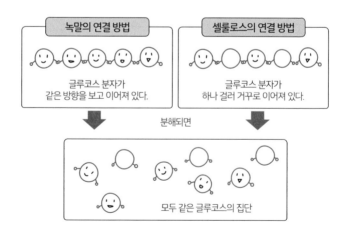

꾸로 늘어서게 된다. 이것이 셀룰로스의 연결 방법이다.

이처럼 이어져 있을 때는 두 가지 연결 방법이 분명히 다르다. 그러나 손을 놓고 분해되면 모두 같은 글루코스의 집단이며, 완전히 같은 분자가 된다.

녹말과 셀룰로스의 분해

녹말과 셀룰로스는 효소에 의해 분해된다. 효소와 분해되는 물질 사이에는 '열쇠와 열쇠 구멍'과 같은 관계가 있다.

즉 녹말에는 '녹말용 효소', 셀룰로스에는 '셀룰로스용 효소'가 필요하다.

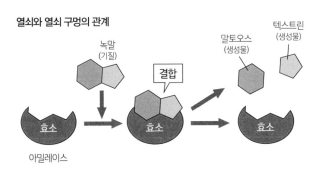

열쇠와 열쇠 구멍의 관계

아쉽게도 셀룰로스를 분해하는 효소를 가지고 있는 건 소나 염소와 같은 초식동물뿐이며, 육식동물이나 인간에게는 분해 효소가 없다. 따라서 우리는 풀이나 나무를 먹어도 영양소로 이용할 수 없다.

그러나 셀룰로스용 효소가 존재하며 셀룰로스를 분해할 수 있는

균이 있기 때문에, 만약 미래에 셀룰로스 분해균이 체내에서 번식하게 된다면 인간도 풀이나 나무를 에너지원으로 사용할 수 있게 될지도 모른다.

한편 현재 바이오 연료인 에탄올은 옥수수 등에서 추출한 녹말로 만들고 있는데, 미래에는 셀룰로스로 에탄올을 만들기 위한 연구가 진행되고 있다.

16

왜 쌀은 익히면 부드러워질까?

쌀은 너무 딱딱해서 그대로 먹을 수 없지만 익히면 부드러운 밥이 된다. 여기에는 어떤 영양소의 화학 변화가 관련되어 있을까?

나선 구조와 병풍 구조

앞에서 살펴본 것처럼 녹말은 글루코스가 양손을 잡고 결합한 것이다. 그래서 긴 직선 구조를 이루고 있다. 이와 같은 녹말을 아밀로스라고 한다. 아밀로스에 수분이 없을 때는 나선 구조를 하고 있다. 나선 한 회전당 글루코스 6개로 이루어져 있다.

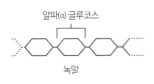

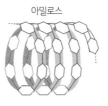

초등학교에서 하는 실험 중에는 녹말이 포함되어 있는지를 살펴보는 아이오딘 녹말 반응이 있다. 녹말 용액에 아이오딘을 넣으면 반응하여 청색으로 변하는데 이것은 나선 구조 속에 아이오딘 분자가 들어갔기 때문에 일어난 반응이다.

사실 글루코스에는 '숨은 손'이 있다. 글루코스는 가끔 이 손을 써서 제3의 결합을 만든다. 그렇게 하면 병풍 구조의 녹말이 된다. 이를 아밀로펙틴이라고 한다.

경미(멥쌀)에는 20% 정도의 아밀로스가 섞여 있는데 찹쌀의 녹말은 100% 아밀로펙틴이다. 떡의 점성은 아밀로펙틴의 가지가 얽혔기 때문이라고 한다.

아밀로스

아밀로펙틴

쌀을 익히면 쌀의 녹말이 변화한다

밥은 녹말 덩어리인데, 생쌀의 녹말은 결정 상태라고 해서 각 녹말 분자가 빽빽이 모여 매우 딱딱하게 굳어 있다. 그래서 녹말 분자 간에 틈이 없어 효소와 같은 큰 분자는 물론 물과 같은 작은 분자조차도 비집고 들어갈 수 없다. 이런 상태의 녹말을 **베타(β) 녹말**이라고 한다.

베타(β) 녹말에 물을 넣어 가열하면, 즉 '밥을 지으면' 녹말 분자가 움직이면서 틈이 생겨 수분이 들어가 부드러워진다. 이를 **호화**라고 하며, 이런 상태의 녹말을 **알파(α) 녹말**이라고 한다.

즉 베타(β) 녹말은 딱딱해서 소화도 안 되고, 먹기에도 적합하지 않기 때문에 쌀을 익혀서 부드럽고 소화하기 쉬운 알파(α) 녹말로 변화시키는 것이다.

식은 밥이 딱딱해지는 이유

수분이 들어가서 부드러워진 알파(α) 녹말은 식으면 다시 베타(β) 녹
말로 돌아가 버린다. 식은 밥이 딱딱해지는 이유는 이 때문이다. 이
를 **노화**라고 한다.

　그런데 알파(α) 상태에서 수분을 제거하면 노화가 일어나지 않게
된다. 옛날 무사들이 전쟁터에 가지고 다니던 구운 쌀이나 건빵처럼
딱딱하게 구운 빵, 알파(α) 상태의 밥에 열풍을 쐬어 급속히 건조시
킨 알파(α) 쌀 등은 언제든지 소화에 적합한 상태를 유지하고 있는
것이다.

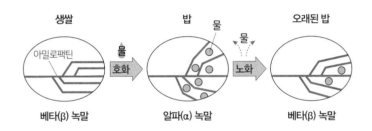

왜 고시히카리 쌀은 맛있을까?

녹말은 아밀로스와 아밀로펙틴이라는 두 가지 성분으로 이루어져 있는데, 이 두 가지 성분 중 아밀로스 함량이 적으면(아밀로펙틴 함량이 많으면) 쌀의 점성은 높아진다. 반대로 아밀로스 함량이 많으면 푸석푸석해져 식감이 줄어든다.

일본인의 대부분은 점성이 높은 음식물을 좋아하는 경향이 있다고 알려져 있으며, 아밀로스 함량이 적은 쌀을 '맛있다'고 느끼는 사람이 많다고 한다.

따라서 일반 쌀은 아밀로스 함량이 20% 전후지만, 고시히카리는 아밀로스 함량이 16% 전후이므로 인기가 많은 것이다.

그러나 아밀로스 함량이 적다고 해서 '맛있는 쌀'이 되는 것은 아니다. 아밀로스 함량이 0%이면 찹쌀이 되어 찰기가 많아지기 때문에 쌀이라기보다는 떡처럼 되어 버린다.

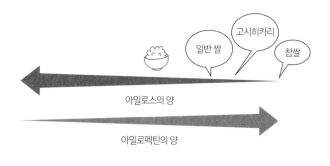

17

지질이란 어떤 영양소일까?

지질에는 '다이어트의 적', '건강에 해롭다'라는 이미지가 있다. 하지만 지질은 3대 영양소 중 하나
로 체내에서 에너지원으로 사용되는 중요한 영양소다.

지질은 무엇일까?

지질은 원래 물에 녹지 않는, 유기용제에 녹
는 물질을 말한다. 그러나 이러한 정의에 해
당하는 물질은 수없이 많다. 그래서 영양소
인 지질은 별다른 말이 없는 경우에는 중성
지질을 나타낸다. 1g이 연소되면 9kcal의 에
너지를 내며, 탄수화물이나 단백질이 4kcal의 에너지를 내는 것과 비
교하면 두 배 이상의 효율이 좋은 에너지원이다.

중성지질은 알코올과 지방산이 결합한 것이며, 그 경우의 알코올
은 별다른 말이 없는 경우에는 글리세롤을 가리킨다.

지질은 지방, 유지, 기름, 비계 등으로 불리기도 하지만, 명확한 차
이는 없다고 해도 좋을 것이다. 그러나 지질 중 소기름이나 돼지기름
처럼 실온에서 고체 상태인 것을 지방, 참기름이나 생선 기름처럼 액
체 상태인 것을 지방유라고 하는 경우가 많다.

지질은 우리 몸에 중요한 에너지원으로 사용될 뿐만 아니라 **세포막**

81

이나 장기, 호르몬을 구성하거나 피하지방으로 축적되어 추위로부터 몸을 보호하거나 지용성 비타민의 흡수를 돕는 등 다양한 기능을 한다.

따라서 과잉 섭취하지 않도록 주의해야 하며 적당한 양을 섭취하는 게 중요하다.

지질의 구조

지질의 구조는 다음 그림과 같다. 이를 가수분해하면 한 분자의 알코올(글리세롤)과 세 분자의 지방산이 된다. 기호 R로 표시하는 것은, 탄소(C)와 수소(H)에서 만들어진 원자단을 의미한다.[1]

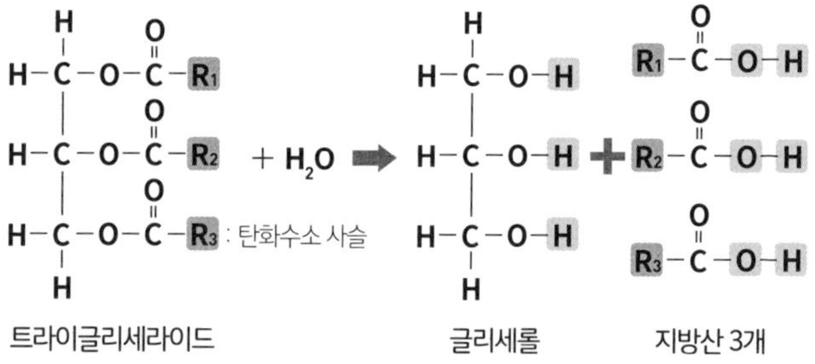

트라이글리세라이드   글리세롤   지방산 3개

글리세롤은 특정 구조를 가진 분자이며 어떠한 지질이라도 똑같다. 한편 지방산은 R로 표기된 원자단이 각각 다르기 때문에 다양한 종류의 지방산이 있다. 소기름과 돼지기름이 다른 것은 이 지방산의 부분이 다르기 때문이다.

------

1 일반적으로 이러한 그룹을 치환기라고 한다.

18

몸에 좋은 지질과 나쁜 지질이 있을까?

'지질'에도 지방산의 차이에 따라 성질이 다양하다. 지질이 포함된 식품에는 육류, 어패류, 견과류, 버터, 옥수수유, 올리브유 등 다양한 종류가 있다. 지질의 종류에는 각각 어떤 것들이 있을까?

포화지방산과 불포화지방산

지방산을 크게 둘로 나누면 다음 그림처럼 포화지방산과 불포화지방산으로 분류할 수 있다.

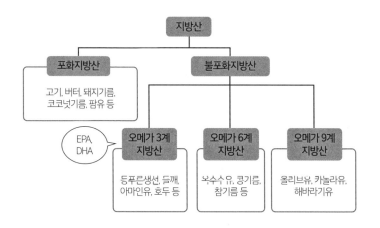

소기름이나 돼지기름과 같은 동물성 지방은 포화지방산으로 이루어져 있으며, 융점이 높기 때문에 일반적으로 실온에서 고체 상태다.

지방산은 에너지원으로 사용되기도 하지만 식생활에서 과잉 섭취하기 쉽다. 너무 많이 섭취하면 혈액 속 LDL 콜레스테롤(나쁜 콜레스테롤)이 증가하며 순환기 장애의 위험이 높아진다고 한다.

이와 반대로 식물이나 어패류의 지방은 불포화지방산으로 이루어져 있으며, 융점이 낮기 때문에 실온에서 액체 상태다. 불포화지방산에는 LDL 콜레스테롤(나쁜 콜레스테롤)을 줄여주고 동맥경화증을 예방하는 효과가 있다.

오메가-3 지방산, 오메가-6 지방산

불포화지방산은 오메가-3 지방산, 오메가-6 지방산, 오메가-9 지방산으로 분류한다.

이 중에서 오메가-3 지방산, 오메가-6 지방산은 체내에서 만들어지지 않는 **필수 지방산**이다.

오메가-3 지방산에는 알파(α) 리놀렌산, EPA, DHA가, 오메가-6 지방산에는 리놀레산, 감마(γ) 리놀렌산, 아라키돈산이 있다.

그러나 알파(α) 리놀렌산이 있으면 인간은 이를 원료로서 IPA와 DHA를 스스로 만들어 낼 수 있으며, 마찬가지로 리놀레산이 있으면 다른 오메가-6 지방산을 만들어 낼 수 있다. 따라서 좁은 의미에서 생각해보면 필수 지방산은 알파(α) 리놀렌산과 리놀레산이다.

오메가-3 지방산과 오메가-6 지방산이 포함된 대표적인 기름과 주요 작용은 다음 표와 같다. 이를 보면 오메가-3 지방산과 오메가-6 지방산의 효용이 전혀 반대임을 알 수 있다. 식품은 다양한 종

	오메가-3 지방산	오메가-6 지방산
주요 지방산	알파(α) 리놀렌산 DHA EPA	리놀레산
대표적인 기름	아마인유 들기름 치아씨드 오일 등푸른생선 등	홍화유 옥수수유 샐러드유 콩기름 마요네즈 참기름 등
주요 작용	알레르기 억제 염증 억제 혈전 억제 혈관 확장	알레르기 촉진 염증 촉진 혈전 촉진 혈액을 굳게 함

류를 편식하지 않고 먹는 것이 중요하다고 하는 의미를 잘 알 수 있다.

EPA, DHA

'생선을 먹으면 머리가 좋아진다'라는 말을 들어본 적이 있을 것이다. 생선에는 EPA, DHA라는 성분이 많이 포함되어 있으므로 그러한 이미지가 있지만, 이들의 영양소가 뇌에 좋은 효과를 발휘하는지는 아직 밝혀지지 않았다.

EPA, DHA는 불포화지방산인 오메가-3 지방산이다. DHA는 뇌나 신경계에 많이 포함된 영양소며, EPA에는 혈액을 맑게 하여 중성지방과 콜레스테롤 수치를 낮춰주는 효과가 있다.

오메가-3 지방산은 필수 지방산이지만, 부족하기 쉬운 지방산이기 때문에 머리가 좋아지든 안 좋아지든 의식적으로 섭취해야 하는 영양소다.

사실은 EPA와 DHA는 이름으로 구조를 알 수 있다.

EPA는 에이코사펜타엔산을 말하며, '에이코사'는 그리스어로 수사 20이며, '펜타'는 5다. 그리고 엔은 이중 결합을 나타낸다. 즉 EPA는 탄소 수가 20개, 이중 결합 수가 5개의 지방산이라는 것이다.

마찬가지로 DHA는 도코사헥사엔산으로, '도코사'는 22개, '헥사'는 6개이므로, 탄소수 22개, 이중 결합 수는 6개의 지방산이다.

2개의 구조식을 그림으로 나타내보자. 탄소의 총 개수와 이중 결합의 개수를 세어 보면 그 이름처럼 되어 있는 걸 알 수 있다.

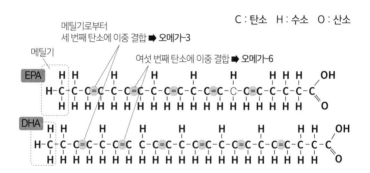

19

트랜스지방은 몸에 해로울까?

최근 트랜스지방이 건강에 미치는 영향이 우려되어, 트랜스지방을 줄여야 한다는 식품 회사도 많아지고 있는 것 같다. 도대체 트랜스지방이란 무엇일까?

트랜스지방은 심혈관질환(CVD), 특히 관상동맥성 심장질환(CHD)의 위험을 높인다고 하여, 미국이나 캐나다에서는 식품 속에 포함된 트랜스지방의 양을 명시하는 것을 의무화하고 있다.

트랜스지방의 '트랜스'란 무엇일까?

불포화지방산에는 시스형과 트랜스형이 있다.

이중 결합에는 원자단(치환기) 4개가 결합할 수 있는데, 이중 결합을 경계로 같은 쪽에 같은 원자단이 결합한 것을 **시스형**, 반대쪽에 결합한 것을 **트랜스형**이라고 한다.

앞에서 살펴본 EPA와 DHA의 구조식을 비롯해 자연계에 있는 시방산은 모두 시스형이다.

트랜스지방은 이중 결합의 반대 쪽에 수소가 결합한 트랜스형의 지방산이다.

이중 결합을 1개만 포함한 오레인산을 예로 들면, 트랜스형(인공)과 시스형(천연)의 구조를 살펴보도록 하자. 형태가 크게 다른 것을 알

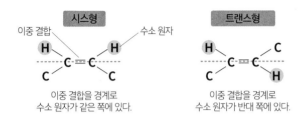

수 있다. 천연 시스형은 구부러져 있는 것에 반해 트랜스형은 직선이

다. 시스형은 그 구부러진 구조를 위해 규칙적으로 겹쳐 결정(고체)이

될 수 없는 것에 비해, 직선 구조의 트랜스형은 규칙적으로 겹쳐 개

체가 될 수 있다. 이러한 것들이 혹시 건강에 영향을 미치고 있는 것

은 아닐까?

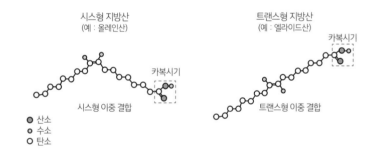

왜 트랜스지방이 포함된 식품이 있을까?

트랜스지방에는 유지를 가공할 때 생기는 것과 식품 중에 천연으로

포함되는 것이 있다.

불포화지방산이 많이 포함되어 있고, 액체로 되어 있는 지질에 촉

매를 사용하여 수소 H_2를 반응(접촉환원)하면 지방산의 이중 결합이

일중 결합이 된 포화지방산이 되어, 그와 함께 액체였던 지질이 고체가 된다. 이처럼 지질을 일반적으로 **경화유**라고 하며, 마가린, 쇼트닝, 이것들을 원재료로서 사용된 빵, 케이크, 튀김 등에 사용된다.

트랜스지방이 포함된 천연 식품에는 소고기나 양고기, 우유, 유제품 등이 있다. 소나 양과 같은 반추동물의 위 속에는 미생물이 존재하며, 그 미생물이 불포화지방산 속의 시스형 이중 결합의 일부를 트랜스형으로 변환시킨다.

따라서 소고기나 양고기, 우유, 요구르트, 버터 등에도 미량이지만 트랜스지방이 포함되어 있다.

트랜스지방이 건강에 미치는 영향

트랜스지방을 많이 섭취하면 혈액 속의 LDL 콜레스테롤(나쁜 콜레스테롤)이 증가하며, HDL 콜레스테롤(좋은 콜레스테롤)이 감소하는 것으로 알려져 있다. 한편 관상동맥성 심장질환의 위험이 높아진다는 연구 결과도 있다.

트랜스지방의 섭취를 피하려면 식품을 고를 때 원재료에도 주의하여 경화유에서 유래된 식품이나 가공식품을 피하는 것이 효과적이라고 생각된다.

핵산이란 영양소일까?

핵산이 포함된 '건강식품'이 시판되고 있다. 핵산은 생물에 따라 중요한 물질임에는 틀림없다. 하지만 핵산을 꼭 식사를 통해 섭취해야 하는 걸까?

핵산과 영양

핵산은 세포의 핵에 포함된 생물의 유전 및 성장에 관여하는 고분자 유기화합물이다. 핵산에는 DNA와 RNA가 있으며, DNA는 유전 정보를 담당하며, RNA는 단백질 생합성에 중요한 역할을 한다.

우리 인간의 몸은 약 60조 개나 되는 세포가 모여서 만들어졌으며, 거의 모든 세포가 몇 달 안에 다시 태어난다.

그 세포의 순환 사이클을 담당하고 있는 것이 핵산이다.

핵산은 세포 속에 포함되어 있으므로 고기나 생선, 채소, 과일, 곡식 등, 세포를 포함한 식품이라면 그 양에는 차이가 있기는 하지만 핵산이 포함되어 있다.

그러나 핵산은 매일 섭취하는 식사를 통해 단백질이나 탄수화물의 대사산물을 원료로서 체내에서 생합성되기 때문에 식사를 통해 섭취해야 하는 필수 영양소는 아니다. 한편 식사에 포함된 핵산은 분해되기 때문에 흡수되기 위해 핵산을 아무리 섭취해도 체내에서 핵산의 합성량을 증가시키지는 않는다.

핵산과 면역의 관계

핵산은 당과 인산과 염기로 이루어진 뉴클레오타이드라는 단위체가 다수 결합한 천연 고분자 화합물이다.

최근 정상 면역 기능의 유지에는 식사를 통해 뉴클레오타이드가 공급되는 것은 꼭 필요하다는 연구 보고가 발표되었다.

뉴클레오타이드를 전혀 포함하지 않은 정제 사료를 먹은 실험쥐에게서 정상, 즉 시판 사료 수준의 면역 기능이 나타난 것이다.

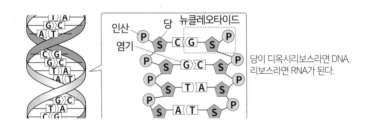

당이 디옥시리보스라면 DNA, 리보스라면 RNA가 된다.

그러나 인간의 경우 균형 잡힌 식사를 하면 하루에 약 1~2g의 뉴클레오타이드를 섭취한다. 뉴클레오타이드를 전혀 섭취하지 않으면 면역 기능이 떨어질지도 모르지만, 여분으로 섭취해도 면역 기능이 올라간다고 할 수 없다.

핵산과 고요산혈증

핵산 섭취 효과로서 젊어진다거나 다이어트 효과를 언급하는 것은 위험할 수 있다. 이는 고요산혈증이나 통풍 등, 요산 수치가 높은 사람이 이런 종류의 건강식품을 상용하는 경우다. 요산 수치가 높아지는 건 혈중의 요산량이 증가하기 때문으로, 요산은 푸린체라는 물질이 분해되어 생기는 것이다.

따라서 요산 수치가 높은 사람은 푸린체의 섭취를 피해야 한다. 그런데 핵산 염기의 절반은 푸린체이기 때문에 지나친 섭취에 주의해야 한다.

이처럼 통풍의 원인이 되는 요산의 원료가 되므로 해롭다고 취급되는 경우가 있는 푸린체이지만, 생명 활동에 없어서는 안 되는 것이다.

유전 정보를 정보를 담당하는 DNA에 포함된 네 종류의 염기 중 두 종류는 푸린체일 뿐만 아니라 몸속에서 에너지의 저장을 담당하는 ATP(아데노신삼인산)도 푸린체의 일종이다.

21

산성 식품과 염기성 식품은 무엇일까?

산성 식품 혹은 염기성 식품이라는 말을 들어본 적은 있을 것이다. 새콤한 매실장아찌는 산성 식품이 아닌 염기성 식품으로 분류한다. 과연 어떤 기준으로 구분하는 걸까?

사실 새콤한 매실장아찌는 염기성 식품이다. 그렇다면 산성 식품과 염기성 식품은 각각 어떤 음식물을 말하는 걸까?

산성과 염기성

산성과 염기성이라는 말은 생체, 영양 어느 쪽에 있어서도 중요한 말이기 때문에 지금부터 알아보도록 하자.

수용액에는 중성, 산성, 염기성이라는 세 가지의 '조건'이 있다.

- 중성 : 물 H_2O는 얼마 안 되지만 분해돼서 H^+(수소 이온)과 OH^-(수산화 이온)이 발생한다. 따라서 순수한 수중에는 H^+과 OH^-이 같은 수로 존재한다. 이러한 '상태'를 중성이라고 한다.
- 산성 : H^+의 농도가 OH^-의 농도보다 높은 상태를 산성이라고 한다. 산이 녹아있는 상태가 이에 해당한다.
- 염기성 : OH^-의 농도가 H^+의 농도보다 높은 상태를 염기성이라고 한다. 염기가 녹아있는 상태가 이에 해당한다.

수소 이온 지수 pH

H^+의 농도를 수소 이온 지수 pH(피에이치)라는 기호로 나타낸다. pH =7이 중성이며 그보다 작으면 산성, 크면 염기성이다. pH 수치는 0~14으로 변화하며 수치가 1이 달라지면 H^+ 농도는 열 배 차이가 난다.

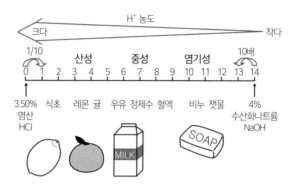

레몬이나 매실장아찌는 산성 식품이 아닐까?

레몬이나 매실장아찌는 맛이 시며, 물에 녹으면 H^+를 발생한다. 그러나 이들은 산성 식품이 아닌 염기성 식품으로 분류한다.

어떤 식품이 산성 식품인지 염기성 식품인지는 식품의 수용액을 그대로 측정한 것과는 다르다. 식물을 태우고 남은 재를 물에 녹인 액체의 수소 이온 농도를 측정하여 결정해야 하는 것이다.

염기성 식품이란 무엇일까?

잿물이란 식물을 태우고 남은 재를 물에 녹인 액체다. 식물은 탄수

화물뿐만 아니라 각종 미네랄이 포함되어 있다. 미네랄은 금속 원소이며, 태우면 산화물이 생기는데 이것이 바로 재다.

재 속에는 산화칼슘 CaO 등도 있으며, 이것이 물에 녹으면 염기성인 수산화칼슘 $Ca(OH)_2$이 된다. 그래서 잿물은 염기성이다.

이것은 매실장아찌나 레몬도 마찬가지다. 그래서 채소, 과일 등의 식물성 식품은 염기성 식품이다.

산성 식품이란 무엇일까?

이와 반대로 고기나 생선의 주성분은 단백질이다. 단백질은 아미노산으로 구성되어 있으며, 아미노산은 질소(N), 황(S)이 포함되어 있다. 질소가 타면 질소 산화물이 생성된다. 질소 산화물에는 다양한 종류가 있기 때문에 한꺼번에 정리하여 NOx라고 쓰고 녹스라고 한다. NOx가 물에 녹으면 질산 HNO_3의 강한 산이 된다.

마찬가지로 황이 타면 각종 황산화물이 되므로, 이것도 한꺼번에 정리하여 SOx라고 쓰고, 석스라고 한다. SOx가 물에 녹으면 황(H_2SO_4)의 강한 산이 된다.

따라서 동물성 식품은 산성 식품이다.

제 3 장

우리 주위에 있는

비타민과 미네랄

22 비타민이란 어떤 영양소일까?

비타민에는 비타민 A, 비타민 C 등 다양한 종류가 있다. 도대체 비타민이란 무엇일까?

비타민의 분류

비타민이란 생물의 생존과 생육에 필요한 미량 영양소 중 생물이 체내에서 스스로 합성할 수 없는 물질을 말한다. 따라서 인간에게 필요한 '비타민'과 다른 생물에게 필요한 '비타민'은 다르다.

예를 들어 아스코르브산은 인간에게는 비타민(비타민 C)이지만, 많은 생물에게는 스스로 합성할 수 있으므로 '비타민'이 아니다.

인간에게 필요한 비타민에는 열세 가지 종류가 있다고 알려져 있으며, 이들 비타민은 몸을 구성하는 성분이 되거나 몸의 기능을 조절하는 중요한 영양소다.

그러나 각종 비타민은 다양한 종류로 나누어져 있으며, 모든 비타민 사이의 관계는 복잡하다.

비타민은 기능에 따라 분류하며, 화학적인 물질명과 일치하지 않는다.

'비타민'은 분류명이지 '비타민'이라는 물질이 있는 게 아니다.[1]

예를 들어 비타민 A라는 분류에는 레티날과 레티놀 등이 화학적인 물질로 들어간다.

비타민의 알파벳은 어떤 의미일까?

도대체 비타민 A, 비타민 C와 같은 비타민의 분류명은 어떻게 정해지질까?

비타민 A, 비타민 B, 비타민 C는 명명된 순서대로 알파벳이 결정되었다. 처음에는 지용성인 것에는 비타민 A, 수용성인 것에는 비타민 B, 괴혈병 예방에 효과가 있는 것에는 비타민 C라는 이름이 붙었다.

그러나 수용성인 것이 추가로 발견되면서 비타민 B_1, 비타민 B_2라고 늘어나면서, 그 사이에 같은 비타민임을 알게 되거나 비타민이라고 할 수 없음을 알게 된 것을 제외한 결과, 비타민 B_1, 비타민 B_2, 비타민 B_6, 비타민 B_{12}처럼 띄엄띄엄 떨어져 이름이 붙었다.

비타민 K는 혈액을 응고시키는 작용을 하는데, 독일어로 '응고'를 뜻하는 'Koagulation'의 머리글자에서 비롯된 것이다.

과거에는 비타민 F나 비타민 G, 비타민 H도 존재했다!

비타민 종류는 비타민 A, 비타민 B, 비타민 C로 이어지다가 비타민 E

---

1 '비타민'이란 원래 '생명 활동에 필요한 아민(vital amine)'이라는 뜻이며, 'vitamin'이라는 이름이 붙었다.

다음은 갑자기 비타민 K로 건너뛴다. 그 이유는 처음부터 알파벳순으로 이름이 정해진 게 아니라, 어떤 것은 머리글자를 따서 이름이 붙기도 했고, 원래 있던 비타민의 이름이 바뀌거나 비타민의 범주에서 제외되기도 했기 때문이다.

예를 들어 비타민 F는 리놀레산과 같은 필수 지방산을 말하며, 비타민의 정의에서 벗어난다고 하여 비타민에서 제외되었다.

그리고 성장에 관련된 비타민으로 'Growth'의 머리글자를 따서 이름이 붙여진 비타민 G는, 그 성분에 대해 연구가 진행되어 현재는 비타민 B군 중에 비타민 B_2가 되었다.

한편 피부와 점막을 건강하게 유지하는 기능이 있어 독일어로 피부를 의미하는 'Haut'의 머리글자를 따서 이름이 붙여졌다고 알려진 비타민 H는, 놀랍게도 비타민 B_7이라 불리던 시절도 있었지만 지금은 바이오틴이라 불리는 이색적인 경력을 소유하고 있다.

23

비타민에는 어떤 종류가 있을까?

비타민은 물에 녹는 수용성 비타민과 물에 녹지 않는 지용성 비타민으로 분류할 수 있으며, 효과적으로 섭취하는 방법도 다르다. 그 종류와 기능을 알아보도록 하자.

수용성 비타민

물에 녹는 비타민으로 체내 대사에 필요한 효소의 기능을 보충한다. 너무 많이 섭취한 경우에도 소변에 녹아 배출되기 때문에 과잉 섭취를 걱정할 필요는 없지만, 몸 밖으로 배출되기 쉬우므로 하루에 여러 번 나누어 섭취하면 효과적이다.

- 비타민 B군 : 비타민 B_1, 비타민 B_2, 비타민 B_6, 비타민 B_{12}, 나이아신, 판토텐산, 엽산, 바이오틴
- 비타민 C : 아스코르브산

비타민 B_1

피로회복이나 당질을 에너지로 바꾸는 데 꼭 필요한 비타민이다. 뇌의 중추신경이나 손발의 말초신경을 정상적으로 유지하는 기능을 한다.

비타민 B$_2$

지방을 연소시켜 생활습관병 예방과 개선에 도움이 된다. 건강한 피부와 머리카락, 손톱을 만드는 기능도 한다.

비타민 B$_6$

단백질의 분해 및 합성을 도와주며 피부와 점막의 건강 유지에 도움이 된다.

또 호르몬 균형을 맞추거나 마음을 안정시키는 기능도 한다.

비타민 B$_{12}$

엽산과 함께 작용하여 빈혈을 예방한다. 한편 신경 기능을 정상적으로 유지하거나 수면을 촉진하는 기능도 있다.

비타민 B$_1$ 비타민 B$_2$ 비타민 B$_6$ 비타민 B$_{12}$

비타민 C

피부와 혈관의 노화를 방지하고 면역력을 높여주는 작용과 스트레스에 대한 저항력을 키워 주는 기능을 한다. 또 콜라겐의 합성에 관여하고 있어 피부 미용,

미백 효과도 있다.

그 외에도 비타민 B군이 포함된 영양소는 다음과 같다.

바이오틴

탄수화물(당질), 단백질, 지질을 에너지로 바꾸어 주는 역할을 하며, 피부와 점막, 머리카락을 건강하게 유지하는 데 도움이 된다.

아토피 치료약으로 사용되는 성분이다.

나이아신

우리 몸속의 효소 중 500가지 종류나 되는 효소의 보조효소 작용을 한다. 알코올을 분해하여 숙취를 방지하는 기능과 피부와 점막을 건강하게 유지하는 데 도움이 된다.

판토텐산

'도처에 존재하는 산'이라는 뜻이며, 다양한 식품에 포함되어 있으므로 균형 잡힌 식사를 하면 부족한 경우는 거의 없다.

스트레스를 완화하거나 에너지 대사를 돕고 동맥경화증을 방지하는 기능을 한다.

엽산

비타민 B_{12}와 함께 적혈구를 만드는 비타민이다.

단백질과 핵산의 합성을 돕는 작용을 하며, 영유아의 건강한 성장과 성인의 피부와 점막을 건강하게 유지하는 데 도움이 되는 중요한 영양소다.

지용성 비타민

물에 녹지 않는 비타민이며, 몸의 기능을 정상적으로 유지하는 기능을 한다. 지방에 녹기 때문에 기름과 함께 섭취하면 흡수율이 높아진다.

간이나 지방 조직에 축적되기 때문에 과잉 섭취하면 비타민 과잉증을 일으킬 수 있다. 정제 형태의 건강기능식품을 통해 간편하게 섭취하는 경우에는 과잉 섭취가 될 수 있으므로 주의해야 한다.

- 비타민 A : 레티놀, 베타(β)카로틴
- 비타민 D : 에르고칼시페롤 등
- 비타민 E : 토코페롤 등
- 비타민 K : 필로퀴논 등

비타민 A

눈의 기능을 개선하는 효과, 점막을 건강하게 유지하여 바이러스의 침입을 막는 작용, 동맥경화증이나 암을 예방하는 작용을 한다. 어두운 곳에서도 눈이 보이는 것은 비타민 A에서 만들어지는 '로돕

신'이라는 성분 덕분이다.

비타민 D

칼슘의 흡수를 도와주며 뼈와 치아를 튼튼하게 하는
작용, 면역력을 높여주는 작용을 한다. 햇볕을 받으면
체내에서 합성되기 때문에 태양의 비타민이라고도 한다.

비타민 E

항산화 작용을 하며, 노화방지나 생활습관병을 예방
하는 데 도움이 된다. 그 밖에도 혈류를 개선하는 작
용이나 피부 미용에도 효과가 있다.

비타민 K

상처로 출혈이 일어났을 때 혈액을 응고시켜 지혈하
는 데 도움이 되므로 '지혈 비타민'이라고도 한다. 칼
슘의 흡수를 돕는 기능도 있다.

기름과 함께 섭취하면
지용성 비타민의
흡수율이 높아진다!

녹황색 채소나 버섯류는
볶거나 튀겨먹는 걸 추천한다!

24

비타민이 부족하면 어떻게 될까?

비타민은 우리 몸의 기능을 정상적으로 유지하기 위해 꼭 필요한 영양소다. 체내에서 스스로 만들어 낼 수 없는 '비타민'은 식사를 통해 섭취해야 한다.

비타민이 부족하면 어떻게 될까?

비타민은 균형 잡힌 식사를 하면 1일 필요량을 섭취할 수 있다. 그러나 과도한 편식을 계속하거나 질병 등에 의해 제대로 된 식사를 하지 못하는 경우 비타민 부족으로 다양한 증상이 나타난다.

어떤 증상이 나타날지는 비타민의 종류에 따라 달라진다. 주요 질병으로는 비타민 B_1이 부족하면 각기병, 비타민 C가 부족하면 괴혈병, 비타민 D가 부족하면 골연화증이 발생한다.

한편 이러한 질병에 걸리지 않더라도, 비타민 부족으로 일상생활에서 몸이 좋지 않은 상태를 잠재성 비타민 결핍증이라고 한다.

일본을 비롯한 선진국에서는 예전과 같은 비타민 결핍증은 줄어들고 있다. 반면 무리한 다이어트나 불규칙적인 식사, 나이가 들어감에 따라 식생활이 변화하는 이유 등으로 잠재성 비타민 결핍증의 발생이 증가하고 있다.

비타민이 부족하면 나타나는 결핍증

어떤 비타민이 부족한지에 따라 결핍증의 종류는 달라진다. 비타민이 부족하면 다음 표와 같이 신체 각 부위에 다양한 증상이 나타난다.

비타민은 우리 몸의 기능을 정상적으로 유지하는 데 중요한 역할을 하기 때문에 균형 잡힌 식사를 통해 충분히 섭취해야 한다.

비타민의 종류		결핍증
지용성 비타민	비타민 A	야맹증, 성장기 어린이에게 비타민 A가 부족하면 성장이 늦어진다.
	비타민 D	구루병, 골연화증, 근력 감소
	비타민 E	유산, 불임증, 다발성 신경병증, 빈혈, 탈모
	비타민 K	출혈 경향, 신생아에게 비타민 K가 부족하면 뇌내출혈의 원인이 된다.
수용성 비타민	비타민 B_1	각기병, 말초 신경 장애, 베르니케 뇌병증
	비타민 B_2	구각염, 구내염, 설염, 피부염, 유루증, 각막의 혈관 신생
	비타민 B_6	경련, 인지 장애, 피부염, 빈혈, 구각염
	비타민 B_{12}	빈혈(거대적혈모구빈혈, 악성빈혈), 말초 신경 장애, 척수 장애, 인지 장애
	나이아신	의식 장애, 인지 장애, 근육 경직, 피부염
	엽산	거대적혈모구빈혈, 설사, 설염
	판토텐산	다리의 작열감, 팔다리의 저림, 기립성 저혈압
	바이오틴	근육통, 피부염, 구역질, 구토
	비타민 C	괴혈병, 출혈 경향에 의한 신경 장애

이 중에서 특히 비타민 B군 결핍은 신경 장애와 관련이 있다.

25

비타민은 식물에만 포함되어 있을까?

비타민이라고 하면 채소나 과일을 떠올리기 쉽다. 그러나 비타민은 식물에만 포함된 것은 아니다. 무엇에 비타민이 포함되어 있는지 살펴보도록 하자.

곤충에도 비타민이 포함되어 있다

인간에게 비타민은 생물의 존재와 생육에 필요한 미량 영양소 중 스스로 만들어 낼 수 없는 물질이다. 즉 식물뿐만 아니라 어류, 양서류, 파충류는 물론이고 곤충, 인간 이외의 동물에도 비타민이 포함되어 있을 가능성이 있다.

다음은 곤충에 포함된 비타민의 양을 나타낸 표다.

곤충의 비타민 함유량(단위 : mg/곤충 100g)

	비타민								
	비타민 A	티아민 (비타민 B₁)	리보플래빈 (비타민 B₂)	나이아신	피리독신 (비타민 B₆)	바이오틴	엽산	판토텐산	비타민 B₁₂
산누에나방의 일종	0.03	0.15	3.2	9.4	0.05	0.03	0.02	0.008	0.014
흰개미의 일종		0.13	1.14	4.59					

비타민이 포함된 다양한 식품

동물의 고기에는 비타민 B_1, 비타민 B_2, 나이아신 등의 비타민 B군이 풍부하게 포함되어 있으며, 동물의 간에는 비타민 B군뿐만 아니라 비타민 A도 포함되어 있다. 생선에는 비타민 B군 이외에도 비타민 D 가 포함되어 있으며, 그중에서 장어에는 비타민 C도 포함되어 있다. 한편 달걀은 식품의 왕이라고 불리는 만큼, 비타민 B군 이외에도 비타민 A가 포함되어 있다.

다음 표를 살펴보면 동물성 식품에도 다양한 비타민이 포함되어 있음을 알 수 있다.

비타민	식재료
비타민 B_1	고기, 콩, 현미, 치즈, 우유, 녹황색 채소
비타민 B_2	고기, 달걀노른자, 녹황색 채소
비타민 B_6	간, 고기, 생선, 달걀, 우유, 콩
비타민 B_{12}	간, 고기, 생선, 달걀, 치즈
비타민 C	녹황색 채소, 과일
나이아신	고기, 어패류, 해조류, 종실류
판토텐산	간, 달걀노른자, 콩류
엽산	간, 콩류, 잎채소, 과일
바이오틴	간, 달걀노른자
비타민 A	간, 달걀, 녹황색 채소
비타민 D	간유, 생선, 목이버섯, 표고버섯
비타민 E	배아유, 콩, 곡류, 녹황색 채소
비타민 K	낫토, 녹황색 채소

26

호르몬이란 영양소일까?

호르몬에는 성장호르몬, 아드레날린, 세로토닌 등 다양한 종류가 있다. 호르몬은 과연 '영양소' 일까?

비타민과 호르몬의 차이

비타민과 호르몬은 유기 화합물이며, 미량으로 생체 기능을 원활하게 제어하는 작용을 하는 물질이다. 따라서 비타민과 호르몬의 엄격한 구별은 어려우며, 비타민 D를 호르몬의 일종으로 보는 연구자도 있다.

앞으로는 생명 활동을 제어하는 유기 화합물 중 인간이 체내에서 스스로 합성할 수 있는 물질을 호르몬, 합성할 수 없는 물질을 비타민이라고 구별하도록 하자.

인간은 식품을 통해 비타민을 섭취해야 한다.

그러나 호르몬은 원료가 되는 물질만 섭취하면 스스로 만들어 낼 수 있다. 따라서 호르몬은 영양소의 일종으로 보지 않는다.

호르몬이란?

호르몬은 신체의 외부나 내부에서 일어난 정보에 대응하여 체내의 특정 기관에서 합성 혹은 분비되고, 혈액과 같은 체액을 통해 체내를 순환하며 또 다른 정해진 세포에서 그 효과를 발휘하는 생리활성 물질을 말한다.

그 밖에도 어떤 세포에서나 생산되고, 더구나 분비된 부위 근처의 세포 혹은 분비된 세포 자체에 작용하는 호르몬도 있다.[1]

호르몬에는 다양한 종류가 있으며 원료도 각각 다르다.

예를 들어 갑상샘 호르몬, 아드레날린, 노르아드레날린은 티로신이라는 아미노산이 원료다.

한편 성장호르몬이나 인슐린은 아미노산이 100개 이상 연결된 것으로 아미노산이 필요하다.

부신 피질 호르몬, 남성 호르몬, 여성 호르몬은 콜레스테롤이 원료다.

호르몬은 몸의 건강 유지를 위해 다양한 기능을 조절하고 있으며, 주로 개체의 생명과 활동성의 유지, 성장과 성숙 및 생식 기능을 담당하고 있다. 현재 인간의 몸속에서 100가지 이상의 호르몬이 발견되었는데, 이 종류는 앞으로도 계속 증가할 것으로 보인다.

---

1 국소 호르몬 혹은 오타코이드라고 하며, 히스타민 등이 있다.

주요 호르몬과 그 작용

주요 호르몬은 어디에서 만들어지고, 어떤 작용을 하는지 살펴보도록 하자.

호르몬을 만드는 장기	호르몬 이름	작용
뇌하수체 전엽	성장호르몬	성장 촉진, 지질 대사 조절
뇌하수체 후엽	항이뇨호르몬	소변 농축 작용, 혈관 수축 작용
갑상샘	갑상샘 호르몬	에너지대사, 성장 촉진
부갑상샘	부갑상샘 호르몬	혈중 칼슘 농도의 항상성 유지
부신피질	부신피질 호르몬	당 대사, 지질 대사, 단백질 대사, 항염증 및 항알레르기 작용
부신수질	아드레날린, 노르아드레날린	혈압 상승, 심장 활력 작용, 당 및 지질 대사
난소	에스트로겐, 프로게스테론	여성적 성격 형성, 월경 발생, 동맥경화증 억제, 골흡수 억제
정소	테스토스테론	생식 기관 성장, 남성적 성격 형성

뇌내 호르몬

뇌에서는 몸과 마음의 정보를 온몸에 전달하는 멜라토닌과 비슷한 작용을 하는 물질이나, 뇌의 신경세포 간의 정보를 전달하는 세로토닌과 같은 신경전달물질 등, 무려 100가지 이상의 뇌내 물질이 분비되고 있다.

일반적으로 멜라토닌을 수면 호르몬, 세로토닌을 행복 호르몬이라고 하는데, 이러한 뇌내 물질을 '뇌내 호르몬'이라고 한다. 뇌내 호르몬의 작용으로 인해 행복한 기분을 느낄 수도 있지만 뇌내 물질에 대한 의존성이 높아질 수도 있다.

칼럼

페로몬이란 무엇일까?

'호르몬'과 '페로몬'은 비슷한 말처럼 보이지만 도대체 어떤 차이가 있을까?

호르몬은 이를 분비한 개체에만 작용한다. 하나코 씨의 몸에서 분비된 호르몬은 하나코 씨의 몸에만 작용하고 다른 사람인 이치로 군의 몸에 작용하지 않는다. 하지만 페로몬은 다르다.

페로몬은 하나코 씨를 제외한 개체, 즉 이치로 군은 물론, 지로 군, 사부로 군, … 1,000명은 말할 것도 없이 100만 명에게까지 작용한다.

최초로 발견된 페로몬은 누에나방이 분비한 봄비콜이다. 한 마리의 암컷 누에나방이 분비한 10^{-10}g의 아주 적은 봄비콜으로 100만 마리의 수컷 누에나방을 유인했다고 한다.

인간에게도 페로몬이 존재하는지는 흥미로운 주제지만 아직 밝혀지지 않았다. 인간의 페로몬은 겨드랑이 밑의 아포크린샘에서 분비되는 땀과 같은 물질에 포함되어 있으며, 이를 감지하는 것은 코에 있는 야콥슨 기관이라는 주장도 있지만 확정된 것은 아니다. 어쩌면 겨드랑이 냄새에는 우리가 알지 못하는 엄청난 매력이 있을지도 모른다.

27

미네랄이란 어떤 영양소일까?

지구상의 자연계에는 약 90가지 원소가 존재하며, 그중 몸을 구성하는 주요 원소에는 네 가지 종류가 있다. 그것은 바로 산소(O), 탄소(C), 수소(H), 질소(N)다. 이들을 제외한 원소를 일반적으로 미네랄이라고 한다.

원소 중 70가지 정도가 금속 원소이므로 미네랄이라고 불리는 물질의 대부분은 금속 원소다. 미네랄 중에서 금속 원소가 아닌 것은 인(P), 황(S), 염소(Cl), 브로민(Br), 아이오딘(I) 정도가 있다.

호메오스타시스

미네랄 중 16가지 원소(아연 Zn, 칼륨 K, 칼슘 Ca, 크로뮴 Cr, 셀레늄 Se, 철 Fe, 구리 Cu, 나트륨 Na, 마그네슘 Mg, 망가니즈 Mn, 몰리브데넘 Mo, 아이오딘 I, 인 P, 황 S, 염소 Cl, 코발트 Co)가 필수 미네랄로 알려져 있다. 미네랄은 체내에서 만들어 낼 수 없으므로 매일 음식물을 통해 보충해야 한다.

생물의 몸에는 그 내부 환경을 일정하게 유지하는 기능이 있으며, 이를 생체 항상성, 호메오스타시스라고 한다.

성인이라면 생체 중에 10g 정도의 금속이온을 포함하고 있지만, 그 농도는 항상 일정하게 유지되고 있다. 다음 그림은 그 관계를 나타낸 것으로 금속 이온 농도가 옅은 경우는 물론, 너무 짙은 경우에

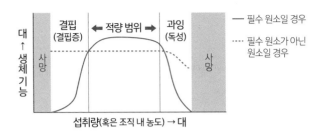

도 생체에 해롭다는 것을 알 수 있다. 극단적인 경우에는 사망에 이를 수도 있다. 특히 중금속의 경우에는 너무 많으면 중독사 할 수 있다. 수은, 탈륨, 카드뮴, 납 등은 독성 중금속으로 잘 알려져 있다.

미네랄의 기능

미네랄의 생체 내에서의 기능은 다음과 같다.

미네랄의 기능	미네랄
체내 이온 운반	Na, K
이온 조절 기능	Na, K, Mg, Ca
단백질의 입체 구조 유지, 안정화	Ca, Mg, Mn, Zn
촉매 기능(산, 염기)	Zn, Mn, Fe, Ni
촉매 기능(산화, 환원)	Mn, Fe, Cu, Mn, V, Co, Ni
산소 운반 및 저장	Fe, Cu

미네랄에는 몸의 세포 안과 밖의 미네랄 균형을 조절하거나 다른 영양소의 작용을 촉진하는 촉매 기능 등이 있다. 생명체는 복잡한

화학 반응을 일으켜 생명을 유지하고 있으며, 그 생화학 반응을 지배하고 있는 것이 효소다. 이 효소의 역할을 촉매 기능이라고 한다. 산과 염기(알칼리)는 촉매로서 중요한 기능을 담당하며, 미네랄은 이러한 산과 염기의 근원이 되는 물질이다.

한편 단백질의 입체 구조를 버튼이나 핀과 같은 작용을 하도록 유지하는 것도 미네랄이다.

단백질은 긴 끈 모양의 분자로 고유의 규칙에 따라 접혀있다. 단백질을 잘못된 방법으로 접으면 단백질로서의 기능(효소 기능 등)을 잃어버릴 뿐만 아니라, 광우병처럼 심각한 질병으로 이어지기 때문에 이는 매우 중요한 기능이다.

미네랄은 한 가지 종류만으로 기능을 하는 게 아니라, 복잡한 종류가 함께 작용하여 기능이 원활하게 이루어지기 때문에 균형 있게 섭취하는 게 중요하다.

이온을 도와준다.　단백질을 도와준다.

나트륨　칼륨　칼슘　마그네슘

28

미네랄은 어떤 것들에 포함되어 있을까?

미네랄은 원소이므로 비타민이나 호르몬과 같은 분자와는 달리 생물이 스스로 만들어 낼 수 없다. 하지만 모든 생물이 살아가는 데 필요한 영양소다.

모든 생물은 미네랄을 포함하고 있다

식물이든 동물이든 생물은 모두 원래 약간의 미네랄을 포함하고 있다. 미네랄을 포함하고 있지 않으면 생명을 유지할 수 없다.

염기성인 잿물은 식물을 태우고 남은 재를 물에 녹인 액체를 말한다. 우리는 식물 성분이라고 하면 녹말과 셀룰로스 등, 탄수화물을 떠올린다. 그렇지만 그것뿐만이 아니다.

탄수화물은 탄소(C), 수소(H), 산소(O)만으로 이루어진 것이다. 탄소를 태우면 이산화탄소가 되고, 수소를 태우면 물이 되고, 산소는 연소 온도에서는 탄소나 수소와 반응해 이산화탄소와 물이 된다. 이산화탄소는 기체이며 물은 연소 온도에서는 증발해 기체인 수증기가 된다.

즉, 만약 식물이 탄수화물로만 이루어져 있다면 식물을 태우면 아무것도 남는 것이 없어야 한다. 그런데 재가 남는다. 이것이 미네랄인 것이다. 이 재가 미네랄의 산화물 혹은 산화물이 추가로 이산화탄소와 반응한 탄산염이다.

타고난 후에 재가 남는 건 식물만이 아니다. 고기나 생선도 모두 재가 남는다. 이것도 역시 미네랄의 잔해다.

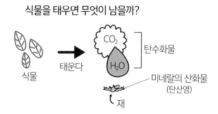

식물을 태우면 무엇이 남을까?

미네랄의 효용과 주요 식품

미네랄의 효용과 이들이 포함된 주요 식품을 살펴보도록 하자.

미네랄	효용	주요 식품
칼슘	뼈와 치아를 형성하는 주성분이다. 근육, 신경, 심장이 정상적으로 움직이도록 조절한다.	작은 생선, 유제품, 견과류, 톳, 시금치
아연	소화, 대사, 생식 등에 관여하는 많은 효소의 원료다. 아연이 부족하면 미각, 후각, 청각 기능이 저하되고 면역력도 떨어진다.	굴, 소고기, 달걀, 견과류
칼륨	혈압 조절, 심근 수축 조절, 신경 전달 등의 작용을 한다. 칼륨이 부족하면 탈력감, 피로감, 고혈압 등의 증상이 나타난다.	녹황색 채소, 견과류, 다시마, 톳
철	산소 운반 물질인 헤모글로빈의 원료다. 철이 부족하면 빈혈이 발생한다.	간, 심장 및 신장 등의 내장, 달걀노른자, 녹황색 채소, 톳
마그네슘	뼈와 치아를 형성하는 주성분이다. 각종 효소나 보조효소의 원료가 된다.	곡물류, 견과류, 콩으로 만든 식품, 톳, 다시마
나트륨	혈압 조절, 심근 수축 조절, 신경 전달 등의 작용을 한다. 너무 많이 섭취하면 고혈압이 발생한다	소금, 간장 등의 조미료, 절임, 고기나 생선을 가공한 식품

미네랄은 다양한 식품에 포함되어 있지만, 최근에는 다이어트 등으로 섭취하는 식품의 종류가 한쪽으로 치우치기 때문에, 미네랄 섭취량이 줄어들고 있다. 한편 식품의 제조와 가공 과정에서도 없어질 가능성이 있다.

한편 미네랄을 충분히 섭취하고 있다고 해도 섭취량을 전부 흡수할 수 있는 건 아니다.

미네랄은 식이섬유나 다른 미네랄과의 경쟁 등에 의해 흡수 저해를 받기 때문에 흡수되기 어렵다고 알려져 있으며, 부족해지기 쉬운 영양소다.

특정 보건용 식품으로 인정받은 미네랄은 단백질이나 유기산과 같은 물질이 미네랄과 자연스럽게 결합함으로써 용해성이 높고, 흡수가 잘 되어 있을 가능성이 있다. 그런 것을 이용하는 방법이 좋을지도 모른다.

29

미량 원소란 무엇일까?

미네랄은 생체 기능을 유지하기 위해 꼭 필요한 원소로, 종류에 따라 필요한 양이 다르다. 이를
필요량에 따라 다량 원소, 미량 원소로 분류한다.

다량 원소

자연계에 존재하는 약 90가지[1] 원소 중에서 아미노산, 단백질, 핵산,
지질, 당질 등과 같이 생체를 만드는 데 사용되는 원소를 다량 원소
라고 한다.

그것은 산소, 탄소, 수소, 질소, 칼슘, 인의 여섯 종류의 원소다. 이
것들은 체내 농도가 특히 높아지고 있다. 여섯 종류의 원소를 합계하
면 인체 중의 체내 존재량은 98.5%를 차지하는 것으로 알려져 있다.

소량 원소

다량 원소 다음으로 농도가 높은 게 소량 원소라 불리는 그룹
이다. 이것은 황, 칼륨, 나트륨, 염소, 마그네슘으로 체내 농도는
0.05~0.25%다.

다량 원소와 소량 원소를 합친 11개 원소를 상량원소라고 하며, 이

---

1 원소 중에는 인공적으로 만들어진 것도 있으며, 이를 포함하면 현재 118종이 알려져 있다.

들을 합하면 인체 내 체내 존재량은 99.3%를 차지한다.

미량 원소

그러나 이들 11개 원소만으로는 생명과 건강을 유지할 수 없다. 나머지 0.7%에는 미량이나마 생명 기능을 유지하는 데 중요한 미량 원소와 초미량 원소가 포함된다. 미량 원소는 ppm[2]로만 존재한다.

미량 원소에는 철, 플루오린, 규소, 아연, 스트론튬, 루비듐, 브로민, 납, 망가니즈, 구리가 있다.

초미량 원소

더욱 소량, ppb[3] 밖에 존재하지 않는 원소를 초미량 원소라고 한다.

초미량 원소에는 알루미늄, 카드뮴, 주석, 바륨, 수은, 셀레늄, 아이오딘, 몰리브데넘, 니켈, 붕소, 크로뮴, 비소, 코발트, 바나듐이 있다.

미량 원소는 생화학 반응을 지배하는 각종 효소(촉매), 산화 환원, 산소 분자의 운반이나 저장, 유전자 발현에 관여하는 단백질 혹은 효소에 꼭 필요한 것으로, 결핍되면 생화학적으로 이상 반응을 일으

미량에도 불구하고 부족하거나 과잉 섭취하면 질병을 일으킬 수도 있어.

참 까다롭구나…

응

균형 잡힌 식사를 하면 괜찮아…

켜 다양한 질환의 원인이 된다. 한편 납, 수은, 카드뮴, 비소 등, 독물로 알려진 원소도 들어 있으므로 과잉 섭취하면 심각한 질병으로 이어질 수 있다.

30

연수와 경수는 무엇이 다를까?

물은 연수와 경수로 분류할 수 있다. 연수에서는 산뜻한 풍미가 느껴지고, 경수에서는 쓴맛이 느껴진다. 도대체 물맛이 '부드럽다', '무겁다'라고 느껴지는 건 무엇 때문일까?

다양한 성분이 녹아있는 '물'

우리가 평소에 사용하는 수돗물은 무색투명한 순수한 물처럼 보이지만, 사실은 많은 물질이 녹아 있어 순수한 물이 아니다. 물에는 공기가 녹아있기 때문에 이산화탄소와 반응하면 탄산이 된다. 즉 탄산수가 되는 것이다. 그 밖에도 물에는 칼슘 혹은 인, 철 등 잡다한 성분이 녹아 있다.

특수한 연구기관에 가지 않는 한, 순수한 물은 볼 수 없다.

연수와 경수의 차이는 물에 녹아있는 미네랄의 양

연수와 경수의 차이는 물에 녹아있는 미네랄, 금속 성분량의 차이다. 이 양을 나타내는 지표가 물의 '경도'다. 요약하면 연수와 경수의 차이는 '경도'의 차이라고 할 수 있다.

그렇다면 '경도'란 무엇일까? 경도란 물 1L에 포함된 칼슘(Ca)이나 마그네슘(Mg)의 함유량을 탄산칼슘($CaCO_3$)으로 환산한 양이며, 보통은 물 1L당 함유량(mg/L)으로 나타낸다.

경수와 연수의 기준은 나라마다 다르다. 일본은 경도 100mg/L 이하를 '연수', 경도 100mg/L 이상을 '경수'로 분류한다.

그러나 WHO(세계보건기구)가 제시한 기준에 따르면 경도 60mg/L 이하면 '연수', 경도 60~120mg/L는 '중경수', 경도 120~180mg/L는 '경수', 경도 180mg/L 이상은 '강경수'로 분류한다.

일반적으로 경수는 물맛이 무겁고 쓴맛이 나면 좋은 물이고, 반대로 연수는 부드러운 맛과 담백한 풍미가 특징이다. 일본은 연수가 많고 서양은 경수가 많다고 한다. 일본인은 익숙해져서 그런지 연수를 맛있다고 느끼는 것 같다. 하지만 맛있는지 맛이 없는지는 그 사람의 취향이며, 일반적으로 마시고 있는 물은 맛있다고 느끼기 쉬우므로 경도가 낮으면 맛있고, 높으면 맛없는 것도 아니다.

시판되고 있는 물의 경도를 살펴보면 '일본의 천연수'로 판매되고 있는 물의 대부분은 경도 30~60 정도의 경수다. 경수로 시판되고 있는 에비앙(프랑스)의 경도는 304, 콘트렉스(프랑스)의 경도는 1,551이다.

칼슘 — 물 연수 / water 경수 — 마그네슘 — 칼슘, 마그네슘의 함유량이 다르다!

한편 일본주라고 하면 고베시 나다 지역에서 생산되는 '오토코자케'와 교토시 후시미 지역에서 생산되는 '온나자케'를 말하는데, 나다 지역의 술은 롯코산에서 발원한 지하수인 '미야미즈'라고 불리는 경수로 만들며, 후시미 지역의 술은 연수로 만든다. 술은 경수와 연수 어느 것을 사용해도 저마다 맛있게 완성되는 것 같다.

경수의 장점과 단점

장점

- 서양식 조림 요리에 맛을 더해준다.

  경수에는 고기 잡내를 제거하고 쓴맛을 내기 쉽게 하는 작용을 하기 때문에 서양식 조림 요리를 만드는 데 적합하다.

- 동맥경화증을 예방한다.

  경수에 많이 포함된 칼슘이나 마그네슘에는 혈액을 맑게 하는 효과가 있다고 알려져 있다.

- 변비 해소에 도움이 된다.

  경수에 많이 포함된 마그네슘은 설사약에도 사용되는 미네랄로, 수분 흡수를 높여 변을 부드럽게 하는 작용을 한다고 알려져 있다.

단점

- 속이 불편하다.

  평소 연수에 익숙한 사람이 갑자기 경수를 많이 마시면 설사를 일으킬 수 있다.

- 식재료의 풍미를 살리고 싶은 요리에는 적합하지 않다.

  일본에서는 '고토(苦土)'라는 한자를 쓰기도 하는데, 독특한 쓴맛과 풍미가 있기 때문에 섬세한 풍미의 요리에는 맛을 내는 데 방해가 되어 버린다. 한편 일본식 요리의 경우에는 감칠맛 성분인 아미노산과 단백질도 쓴맛으로 나와 버리기 때문에 그다지 적합하지 않다.

- 입욕에 적합하지 않다.

  경수로 목욕을 하거나 경수로 얼굴과 머리를 씻으면 건조하거나 피부가 땅기는 느낌이 들 수 있다.

연수의 장점과 단점

장점

- 일본 요리에 적합하다.

  연수는 기본적으로 무미무취이기 때문에 담백하고 싱거운 일본 요리의 맛을 해치는 일은 적으며, 음식을 조리할 때 사용하는 물로 적합하다.

- 아기에게 안심하고 먹일 수 있다.

  연수는 마그네슘 함유량이 적기 때문에 장에 자극도 없고 몸에 좋다.

- 비누 거품이 잘 나고 피부와 모발에 좋다.

  연수에 포함된 칼슘이나 마그네슘과 같은 금속이온은 비누와 반응하여 불용성 고체로 변화하기 때문에 설거지 등에는 연수가 좋다고 한다. 현대의 중성세제에는 적합하지 않다.

단점

- 미네랄 함유량이 적기 때문에 미네랄을 보충할 수 없다.

31

비타민과 미네랄은 항산화 작용을 할까?

활성산소는 몸을 산화시켜 노화나 암, 심장질환의 원인이 된다. 비타민과 미네랄은 활성산소로부터 몸을 보호하는 항산화 작용을 하지만, 이를 포함한 건강기능식품을 과잉 섭취하면 문제가 발생한다.

활성산소란?

우리 몸은 산소를 이용하여 에너지를 만들지만, 그 산소가 체내에서 활성산소로 변할 수 있다.

활성산소는 체내에 침입한 세균을 죽이거나 새로운 암세포를 제거하는 역할도 한다.

그러나 한편으로는 너무 많이 늘어난 활성산소는 DNA나 세포막, 동맥의 내막을 손상시킬 수 있으며, 노화나 암, 심장질환을 일으킨다고 알려져 있다.

항산화 작용을 하는 영양소

활성산소로부터 우리 몸을 보호하는 기능을 **항산화 작용**이라고 하며, 항산화 작용을 하는 영양소는 다음 그림과 같다.

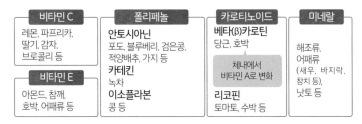

항산화 작용을 하는 영양소와 식품

비타민 C	폴리페놀	카로티노이드	미네랄
레몬, 파프리카, 딸기, 감자, 브로콜리 등	**안토시아닌** 포도, 블루베리, 검은콩, 적양배추, 가지 등 **카테킨** 녹차 **이소플라본** 콩 등	**베타(β)카로틴** 당근, 호박 체내에서 비타민 A로 변화 **리코핀** 토마토, 수박 등	해조류, 어패류 (새우, 바지락, 참치 등), 낫토 등
비타민 E 아몬드, 참깨, 호박, 어패류 등			

항산화물질의 과잉 섭취로 인한 해로움

한편 항산화 작용을 내세운 건강기능식품도 많이 판매되고 있다. 그 성분에는 비타민 C, 비타민 E 이외에도 아연, 구리, 셀레늄, 망가니즈 등의 미네랄이 있다.

그러나 인간의 체내에는 활성산소를 중화하기 위해 항산화물질이

늘어난 활성산소를 분해하기 위해
항산화물실이 만늘어신다.

균형이 깨지면 질병이나
장애의 원인이 된다!

만들어진다. 따라서 건강기능식품으로 항산화물질을 과잉 섭취하면 체내에서의 활성산소의 생성과 파괴의 균형이 무너져 면역 기능이 부자연스러운 상태가 되어버린다.

제 **4** 장

요리와 영양소

· · · · · · · · · · · ·

32

요리를 하면 식재료의 영양소가 변화한다?

우리는 다양한 식재료를 요리해서 먹는다. 식재료에 포함된 영양소는 왜 요리에 따라 변화하거나 없어지는 걸까?

영양소는 요리에 따라 변화한다

영양소는 탄수화물도 단백질이나 지질, 비타민도 모두 분자이며 화학 물질이다. 화학 물질의 특징은 화학 변화를 한다는 것이다.

따라서 영양소는 요리의 다양한 과정을 통해 변화하거나 없어진다. 하지만 미네랄은 원소이므로 어떤 조건에서도 변화하지 않는다.

그러나 전자상태에서는 변화할 가능성이 있다. 예를 들어 미량 영양소인 크로뮴(Cr)은 전자상태가 3가 Cr^{3+}라면 몸에 유용하지만 6가 Cr^{6+}라면 맹독이 된다.

냉동하면 나타나는 변화

식재료에는 많은 수분이 포함되어 있으므로 냉동하면 식재료 속에 얼음 결정이 생긴다. 이 결정은 날카롭기 때문에 식재료의 세포막을 손상시키거나 파괴시킨다.

냉동된 식재료를 해동할 때는 이런 흠집이나 구멍을 통해 세포 내 영양성분이나 감칠맛이 흘러나온다. 막으려면 어떻게 해야 할까?

얼음에 큰 결정이 생기는 건 물을 천천히 얼렸기 때문이다. 즉 물을 급격하게 얼리면 얼음 결정은 성장하지 못하고 가루처럼 미세한 결정만 생기므로 세포벽을 손상시키지 않는다. 이것은 바로 급속냉동이라는 기술이다.

물의 결정이 성장하는 온도는 −1~−5℃ 사이의 온도대. 보통의 냉동고에서는 이 온도대를 천천히 통과하기 때문에 얼음 결정이 커져서 세포벽을 파괴한다. 급속냉동에서는 −30~−40℃ 사이의 찬바람을 내뿜어서 단숨에 얼려 버린다.

자르면 나타나는 변화

식재료를 자르면 세포가 파괴되고 그때까지 세포 안에 있던 물질이 밖으로 나와 효소와 접촉한다. 특히 무딘 칼로 자른 경우, 단면적이 커지기 때문에 효소와 닿는 부분이 커지면서 열화하기 쉬워진다.

실온에 두면 나타나는 변화

실온에서 공기 중에 놓아두면 어떻게 될까? 공기 중에 잡균이 있으면 부패하고 변질되는 것은 당연하다. 비록 주변이 깨끗하다고 해도 공기 중에는 산소가 포함되어 있으며, 산소는 매우 반응성이 높은 분자다. 영양소 중에는 산소와 반응 산화되어 변질되는 물질이 있다. 예를 들어 지질을 가수분해하면 글리세롤과 지방산으로 분해된다.

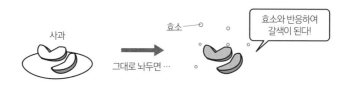

가열하면 나타나는 변화

식재료를 가열하는 것에도 좋은 면과 나쁜 면이 있다.

생선구이나 불고기를 가열하면 일부에 마이야르 반응[1]이 일어나며, 갈색의 맛있는 성분으로 변화한다.

그러나 생선구이의 탄 부분처럼 단백질 중에는 발암물질로 변화하는 것도 있으므로 주의해야 한다.

이처럼 영양소는 조리를 거치면 거칠수록 변화한다.

변화 덕분에 맛이 좋아지고 식욕이 늘어 건강 증진에 도움이 된다. 그것이 요리의 묘미다. 하지만 영양소도 고려해서 요리하는 게 중요하다.

---

1 식재료를 가열하면 식재료에 포함된 아미노산이 당과 결합하여 노르스름한 갈색으로 변화하는 반응

33

식재료를 씻으면 영양소가 달아난다?

대부분의 식재료는 조리를 하기 전에 씻어야 한다. 농작물이라면 진흙이나 농약을 제거하고, 해산물이라면 노로바이러스와 같은 미생물을 제거하는 건 의미가 있다. 그러면 씻어서 없어져 버리는 영양소도 있을까?

씻으면 손실되는 성분이 있다

영양소 속에는 수용성 비타민처럼 물에 녹는 성분이 있다. 이런 성분은 씻음으로써 물에 녹기 때문에 식품 속에서의 잔존율은 적어진다. 한편 흘러나간 수용성의 감칠맛이나, 가수분해되어 없어지는 풍미도 있다.

따라서 쓸데없이 장시간 씻으면 중요한 성분이 도망쳐 버린다. 빠르고 효과적으로 씻는 게 중요하다.

그러나 오래 씻어서 먹을 수 있게 되는 식재료도 있다.

식량 부족 시 이용되는 구황작물인 수선화는 장시간 물에 담가서 독을 빼내어 먹기도 했다고 한다. 한편 봄철 대표적인 산나물이 고사리에 포함된 독성물질인 프타퀼로사이드는 떫은맛을 제거하면 가수분해되어 무독이 된다.

세포막의 성질

세균이든 인간이든 모든 생체는 세포로 이루어져 있다. 그러나 바이러스는 생물이 아니므로 세포는 가지고 있지 않다. 많은 세포는 현미경으로 보지 않으면 눈에 보이지 않을 정도로 작다.

세포는 안에 걸쭉한 액체가 담긴 봉투와 같은 것으로 봉투에 해당하는 것이 세포막이다. 세포막은 특수한 막으로 물과 같은 작은 분자는 통과시키지만, 설탕과 같은 큰 분자나 소금(염화나트륨)과 같은 이온성의 물질은 통과시키지 않는다. 더구나 녹말이나 단백질과 같은 거대 분자는 통과시키지 않는다.

이렇게 분자의 종류에 따라 뚫리거나 뚫리지 않는 막을 반투막이라고 한다. 세포막은 전형적인 반투막이다.

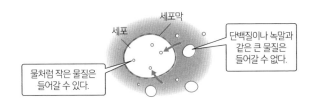

삼투압에 의해 영양소가 흘러나오는 걸까?

다음 그림은 반투막으로 나눈 2개의 공간 중 한쪽 A에 적당한 물질을 녹인 용액을 넣고, 다른쪽 B에 순수한 물을 넣은 것이다.

처음에는 양쪽의 수면을 같은 높이로 해 두어도, 반투막은 물밖에 통과하지 않기 때문에 B의 순수한 물이 A로 이동하므로, 그 결과 A의 수면이 B보다 높아진다.

이때 A에 압력을 가하면 수면이 내려가고, 즉 순수한 물이 A로 돌아와 원래의 높이가 된다. 이 압력을 **삼투압**이라고 한다.

삼투압의 크기는 A에 녹아있는 물질의 농도와 온도에 비례한다. 요약하면 농도가 높은 용액(A)과 낮은 용액(B)이 반투막을 통해 접하면 낮은 쪽에서 높은 쪽으로 물이 이동하는 것이다.

그러나 이처럼 반투막을 통해 이동할 수 있는 것은 물과 같은 작은 분자뿐이다. 영양소라고 하지만 분자의 대부분은 물 분자와는 비교가 안 될 만큼 크다. 따라서 건강한 세포막의 반투막을 통해서 이동할 수 없다.

식물은 비와 같은 수분을 통해 성장한다. 영양소가 세포막으로부터 빠져 나왔으니 식물 자신에게는 큰일이다.

문제는 세포막이 손상되었거나 칼로 잘린 경우다.

이 경우는 흠집이나 자른 곳에서 세포 안에 있는 물질이 새어 나오기 때문에 영양소도 당연히 흘러나온다. 삶거나 굽는 경우도 마찬가지다.

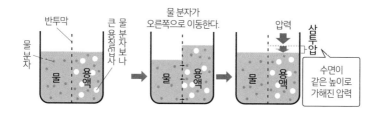

34

생선을 민물이 아닌
소금물에 씻는 이유는 무엇일까?

식재료를 씻을 때 민물로 씻어야 하는 것과 연한 소금물로 씻어야 하는 것이 있다. 그 차이는 무엇일까?

생선을 소금물로 씻는 이유는 무엇일까?

도미나 연어와 같은 생선 토막을 수돗물로 씻었다고 가정해 보자.

생선 토막의 안쪽, 즉 세포에는 세포액이 차 있으며 고농도다. 한편, 수돗물은 아무것도 녹아 있지 않기 때문에 농도가 0이다.

물은 농도가 낮은 쪽에서 높은 쪽으로 이동하기 때문에 수돗물은 생선 토막 안으로 들어간다. 그 결과 생선 살은 물집이 생기며 싱거워지고 맛이 없어진다.

굴 껍질을 씻을 때 우리는 자주 실수를 한다. 수돗물로 씻으면 무려 굴 중량의 25%가 넘는 물이 굴로 들어간다. 굴은 커져서 푸딩처럼 되기 때문에 무심코 이득을 본 것 같은 기분이 들 수도 있지만 이는 단지 부푼 것이다.

잉어요리 중에 '아라이'[1]라는 것이 있다. 이것은 산 잉어를 손질해서 즉시 얼음물에 씻은 것이다. 얼음물에 씻은 시간이 짧기 때문에

---

1 민물생선을 찬물에 씻어 꼬독꼬독하게 만든 회 - 옮긴이

물을 빨아들여도 미량이다. 그보다 이 조리법으로 생겨나는 오독오독 독특한 식감이 선호된다.

따라서 생선이나 조개를 씻을 때는 물을 빨아들이는 것을 막기 위해 수돗물이 아니라 굴이나 생선 살의 농도와 비슷한 정도, 즉 바닷물 농도(3%)의 소금물로 씻어야 한다.

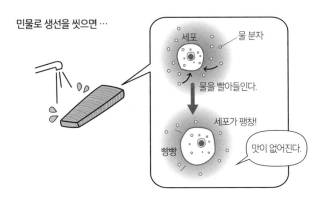

민물로 생선을 씻으면 …

세포 / 물 분자

물을 빨아들인다.

세포가 팽창!

빵빵

맛이 없어진다.

삼투압을 이용한 조리법

채소에 소금을 바르면 어떻게 될까? 생선의 예시로 설명한 것과 반대의 일이 일어난다. 수분은 농도가 높은 쪽으로 이동하기 때문에 채

절임과 삼투압의 관계

물이 빠져 나간다.

염분 농도 상승

소의 수분이 세포 밖으로 나와 버리고, 채소는 탄력을 잃고 숨이 죽는다. 이것이 절임의 원리이며 나물을 소금에 절인 것과 같다.

채소를 소금물에 씻으면 이와 같은 현상이 일어난다. 그래서 평소 채소를 씻을 때는 소금물이 아니라 민물을 사용해야 한다.

생선의 경우도 소금을 뿌리면, 생선의 수분이 밖으로 나온다. 이때 비린내 나는 수분도 밖으로 나오게 된다. 이 상태에서 씻으면 생선의 비린내를 제거할 수 있기 때문에 손질한 생선도 소금물에 씻는 것이 효과적이다.

옥돔의 살이나 넙치의 살을 다시마로 감싼 코부지메는 생선 살의 수분이 다시마에 흡수되는 동시에 다시마의 감칠맛이 살에 배어든다. 그 결과 생선 살의 탄력과 감칠맛이 살아난다.

이처럼 삼투압을 이용한 조리법을 요리의 특징에 맞게 구분하여 사용하면 효과적이다.

35

무딘 칼로 식재료를 자르면 영양소가 손실된다?

무딘 칼로 식재료를 자르면 단면이 똑바로 잘리지 않거나 찌그러진다. 사실 무딘 칼은 이러한 식재료의 외형뿐만 아니라 영양소에도 영향을 미친다.

영양소와 칼의 관계

요리를 만들기 위해서는 식재료를 적당한 크기로 잘라야 한다. 토마토를 자를 때는 네 조각이나 여섯 조각으로 썰기, 파를 자를 때는 잘게 썰기, 우엉을 자를 때는 얇게 어슷 썰기, 생선회를 썰거나 혹은 다진 고기와 전갱이 요리인 나메로우를 썰 때는 자른다기보다는 으깨는 요리법도 있다. 이러한 요리법에 의해 도망쳐 버리는 영양소도 있지 않을까?

요리를 만들 때 식재료를 자르려면 대부분의 경우 칼을 사용한다. 특수한 경우라면 조리용 가위나 고기용의 다지기를 사용할 수도 있다.

식재료를 자르면 세포로 이루어진 식재료의 경우에는 세포를 절단하게 된다.

'내용물이 담긴 세포막 주머니'인 세포를 절단하면 내용물의 액체가 쏟아진다. 이것은 어쩔 수가 없다.

문제는 쏟아지는 양이다. 잘 드는 칼로 자르면 칼날에 닿은 세포만

절단된다. 무딘 칼로 자르면 많은 세포가 짓눌려 대량의 내용물이 쏟아져 나온다.

당연히 영양소가 녹아내리는 비율도 커진다.

자르는 방식에 따라 생기는 차이

식물에는 수분이나 양분을 운반하는 유관 다발이 있다. 이것이 묶여진 것이 일반적으로 말하는 힘줄, 섬유다. 채소를 자를 경우에는 이섬유를 자르는 경우와 보존하는 경우가 있다.

소화를 생각하면 힘줄을 절단하도록, 즉 식물체를 가로 방향으로 잘라 섬유를 짧게 하는 것이 좋다. 그러나 사각사각 씹히는 느낌을 즐기거나 실파처럼 가는 모습을 즐길 경우에는 섬유의 방향, 즉 식물체를 세로 방향으로 자르면 된다.

식물의 경우도 근육은 근초라는 줄기로 된 가늘고 긴 자루에 들어있다. 근초는 동물의 몸의 세로 방향을 따라 나열되어 있다. 따라서 몸을 가로지르는 것처럼, 즉 근초를 끊는 것처럼 자르는 것이 먹기도

편하고 소화에도 좋다. 생선 토막이나 생선회는 모두 이 방향을 의식하여 잘라져 있다.

그러나 참치 뱃살 등을 이렇게 자르면 이른바 하얀 힘줄이 남게 된다. 이 힘줄을 족집게로 제거하는 것이 일류 요리점의 일인데, 그만큼 '수수료'가 드는 것은 당연하다.

가위로 식재료를 자르면?

그렇다면 만약 가위로 식재료를 자르면 어떻게 되는 걸까? 가위는 식재료를 2개의 금속 사이에 끼워 눌러 자르는 도구이며, 칼로 자르는 경우보다 손상을 받는 세포의 개수가 많아진다. 식재료의 모양이 중요한 요리나 신선함이 중요한 요리에는 적합하지 않다. 특히 생선회를 가위로 자르지 않는 것은 이러한 이유다. 즙이 나오고 모양이 부서져 버리면 회라고 할 수 없다.

36

단백질을 가열하면 어떻게 될까?

단백질이 많이 포함된 식재료 중 하나는 달걀이다. 날달걀을 가열하면 삶은 달걀이 된다. 이처럼 단백질을 가열하면 '열변성'이라는 변화가 일어난다.

삶은 달걀을 아무리 식혀도 원래의 달걀로 돌아가지 않는다. 이처럼 원래의 상태로 돌아가지 않는 변화를 **비가역 변화**라고 한다. 반대로 물을 얼리면 얼음이 되고, 가열하면 녹아서 다시 물이 되는 것처럼 원래로 돌아가는 변화를 **가역 변화**라고 한다.

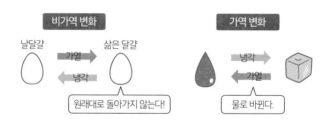

단백질의 열변성

단백질은 분자이며, 원자가 화학 결합하여 이루어져 있다. 화학 결합은 강한 것이다. 일반의 조리에서 사용하는 100℃이나 200℃ 정도의 열에서 파괴되는 것은 아니다. 따라서 고기를 구워도 익혀도 아미노산의 사이의 결합은 끊어지지 않는다. 즉 앞에서 살펴본 단백질의

1차 구조는 보존되어 있다.

가열에 의해 파괴되는 것은 2차 구조 이상의 입체 구조다. 이 구조는 복잡하다. 클립이 빠져 집은 구조가 무너져 버리면 2차와 원래의 입체 구조로 돌아가는 것은 불가능하다. 예를 들어 한번 삶아서 딱딱해진 달걀을 차갑게 해도 날달걀로 돌아가지 않는다. 이를 단백질의 **열변성**이라고 한다.

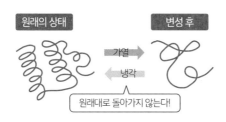

한편 같은 달걀이지만 흰자와 노른자의 변성 온도는 다르다. 노른자가 구성이 복잡하고 정교한 만큼 저온에서 변성한다. 따라서 80℃ 정도의 저온에서 장시간 두면 노른자만 딱딱해지는 온천 달걀이 된다.

산에 의한 단백질 변성을 이용한 요리

단백질의 변성은 열로만 일어나는 것이 아니다. 산과 염기(pH), 알코올 등 다양한 조건 변화로 일어난다.

산에서 일어나는 변성을 이용한 것은 생선의 초절임이다. 고등어를 식초에 절인 시메사바, 청어 초절임 등은 잘 알려진 요리다.

일본 시가현의 유명한 향토 요리인 나레즈시도 그 일종이다. 이것은 통에 날붕어와 밥을 번갈아 가며 깔아 반년 정도 삭혀 둔 것이다. 그동안에 밥이 젖산 발효를 하면서 그 젖산으로 붕어의 단백질이 변성된 것이다. 젖산의 산 때문에 부패균이 발생하지 않는다고 한다.

알코올에 의한 단백질 변성을 이용한 것

알코올에 의해 일어나는 단백질의 변성을 이용한 것에는 살모사 술이나 반시뱀 술이 있다. 이것은 병에 뱀을 넣어 거기에 도수가 높은 소주를 넣은 술이다.

뱀의 몸은 물론 단백질이지만, 뱀독도 역시 단백질이다. 따라서 이 모든 단백질이 알코올 변성으로 인해 무독해진 것이 이러한 뱀술이다.

그러나 변성하는 데는 그만큼의 시간이 필요하다. 만든 지 얼마 안 된 뱀술에는 아직도 독이 있는 상태다. 그렇다면 만든 지 어느 정도 지난 술을 먹어야 할까? 그것은 경험이 풍부한 사람에게 잘 물어봐서 주의해서 먹어야 한다.

37

고기는 구우면 딱딱해지지만, 오래 삶으면 부드러워지는 이유는 무엇일까?

고기나 생선 조림은 온도에 민감하다. 온도와 시간이 부족하면 덜 익고, 너무 익히면 딱딱하고 푸석푸석해져 버린다. 그러나 푹 삶으면 고기는 부드러워진다. 그 이유는 무엇일까?

고기의 구조

고기의 온도 변화는 고기의 구조와 관계가 있다. 식용하는 고기의 대부분은 수육이든 어육이든 근육 부분이다. 근육은 콜라겐 단백질로 된 주머니 속에 긴 섬유 상태의 근원섬유 단백질과 입자 형태의 근형질 단백질이 가득 찬 것이다. 요약하면 콜라겐, 근원섬유, 근형질의 세 가지 단백질로 구성되어 있다.

삶은 달걀의 예시에서 알 수 있듯이 단백질을 가열하면 딱딱해진

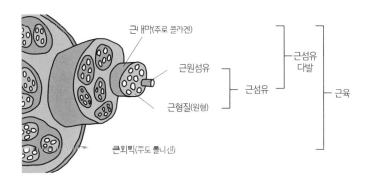

근내막(주로 콜라겐)

근원섬유

근형질(원형)

근섬유

근섬유 다발

근육

근외막(주로 콜라겐)

다. 그러나 온천 달걀의 예시처럼 알 수 있듯이 단백질은 종류에 따라 딱딱해지는 온도가 다르다. 근육의 경우에도 이들 3종 단백질은 열에서 경화하는 온도가 다르다.

고기를 가열하면 부드러워지거나 딱딱해지는 이유

고기를 물속에 넣어 가열하여 서서히 고기의 온도를 높여 갈 때의 변화를 살펴보도록 하자.

① 우선 50℃가 되면 근원섬유 단백질이 굳어지지만, 다른 두 종류의 단백질은 아직 굳지 않는다. 이 상태에서는 고기가 탄력 있고 부드럽게 느껴진다.

② 60℃가 되면 근형질 단백질도 딱딱해진다. 이렇게 되면 고기가 질겨진다.

③ 65℃를 넘으면 콜라겐이 급속도로 딱딱해지기 때문에 고기는 훨씬 더 딱딱해진다.

④ 75℃를 넘으면 콜라겐이 분해되어 젤라틴으로 변화한다. 이렇게 되면 나중에는 고기가 부드러워지기만 한다. 젤라틴은 끓인 국물에 녹아 나오기 때문에 국물이 말랑말랑하고 혀에 착 달라붙는 느낌이 든다.

그러나 ④의 상태가 된 후, 불에 올려놓고 오래 두면 살점 속의 젤라틴이 없어져 젤라틴을 잃은 고기는 푸석푸석한 느낌이 든다.

그래서 고기는 75℃ 이상의 온도에서 장시간 끓이면 부드러워지지만, 시간이 너무 길면 푸석푸석해진다. 고기 요리를 하며 흔히 경험하는 실패는 이런 이유에서 발생한다.

38

고기에 따라 포함된 영양소는 다를까?

일반적으로 우리가 집에서 먹는 소고기, 돼지고기, 닭고기에 포함된 영양소에는 어떤 차이가 있을까? 과연 부위에 따라 포함된 영양소는 다를까?

소고기, 돼지고기, 닭고기의 영양성분은 다음 표와 같다.

영양성분 (100g당)		에너지	수분	단백질	지질	철	포화 지방산	콜레 스테롤	소금 상당량
	단위	kcal	g	g	g	mg	g	mg	g
소고기	등심	539	36.2	12	51.8	1.2	18.15	88	0.1
	갈비	470	41.4	12.2	44.4	1.4	14.13	98	0.2
	설도	343	53.9	16.4	28.9	2.1	9.63	85	0.2
돼지 고기	목심	253	62.6	17.1	19.2	0.6	7.26	69	0.1
	삼겹살	395	49.4	14.4	35.4	0.6	14.6	70	0.1
	뒷다리	183	68.1	20.5	10.2	0.7	3.59	67	0.1
닭고기	가슴살 (껍질 포함)	244	62.6	19.5	17.2	0.3	5.19	86	0.1
	다리 (껍질 포함)	253	62.9	17.3	19.1	0.9	5.67	90	0.1
	안심	114	73.2	24.6	1.1	0.6	0.23	52	0.1

〈일본식품표준성분표 2015년 판(제7판)〉에서 인용

소고기의 영양소

소고기는 충분한 단백질이 포함된 뛰어난 식품이며, 특히 헤모글로빈이 많은, 즉 철이 많다는 특징이 있다. 따라서 빈혈이 있는 사람에게 소고기 섭취를 추천한다. 그러나 각종 영양소의 양은 부위에 따라 큰 차이가 있다.

지질의 양은 지방이 많은 등심(52g)과 살코기가 많은 설도(29g) 사이에 큰 차이가 있다.

칼로리도 지질이 많이 포함된 등심과 살코기가 많은 설도는 큰 차이가 있다. 비계가 많은 등심(539kcal)이 살코기가 많은 설도(343kcal)보다 칼로리가 높은 것은 당연하다.

돼지고기의 영양소

돼지고기도 소고기와 마찬가지로 영양 균형이 잘 잡힌 식품이다. 돼지고기의 칼로리는 일반적으로 소고기보다 낮지만 단백질은 소고기보다 많기 때문에, 저칼로리 고단백이라고 할 수 있다.

한편 포화지방과 콜레스테롤도 소고기보다 낮아 웰빙 식품을 찾는 고객에게 추천한다. 그러나 철은 소고기의 절반에서 3분의 1 정도로 낮다.

닭고기의 영양소

닭고기의 영양가는 부위에 따라 큰 차이가 있다. 일반적으로 칼로리는 다른 고기보다 낮고 반대로 단백질은 풍부하기 때문에 저칼로리

고단백이다. 그러나 콜레스테롤은 조금 많다.

하지만 그중에서도 닭가슴살은 고기라고 생각되지 않을 정도로 저칼로리이며, 반대로 단백질은 소고기, 돼지고기보다 많다. 게다가 지질은 1.1g으로, 이것도 역시 고기라고는 생각되지 않을 정도로 적다. 콜레스테롤도 적기 때문에 매우 뛰어난 육식품이라고 할 수 있다.

39

탄수화물을 가열하면 어떻게 될까?

탄수화물에는 다양한 종류가 있지만, 영양소로 생각할 수 있는 것은 녹말과 당류다. 녹말은 단당류인 글루코스가 많이 결합한 것으로 독특한 입체 구조를 이룬다.

입체 구조의 열변화

녹말은 생곡식 안에 들어 있을 때는 앞에서 살펴보았던 것과 같이 나선 구조로 되어 있다. 이 나선 구조체가 많이 줄지어 녹말이 되었기 때문에, 분자 간 간격이 좁아져 소화에 필요한 효소나 물이 들어갈 수 없다. 따라서 식감이 나쁘고 소화에도 잘 안 되기 때문에 상품으로 적합하지 않다.

그러나 이를 물속에서 가열하면(익히면) 나선 구조가 무너져 분자 사이가 벌어진 알파(α) 녹말이 된다. 이를 **호화**라고 한다. 호화를 하면 효소도 물도 들어갈 수 있게 되어, 부드럽고 소화에 좋은 상태가 된다.

군고구마 단맛의 비밀

녹말에 아밀레이스라는 효소가 작용하면 글루코스 사이의 결합이 절단되어 글루코스가 2개 결합한 말토오스(엿당)가 된다. 녹말은 거의 맛이 없지만, 말토오스는 독특한 단맛이 있어 맛있어진다. 즉 녹말이 분해되어 말토오스가 되면 우리는 달고 맛있는 맛을 느끼는 것이다.

이를 경험할 수 있는 게 고구마를 구운 군고구마다. 생고구마는 그다지 달지 않지만, 군고구마는 달고 고소해서 맛있다. 이것은 효소 덕분이다.

군고구마에는 뜨거운 조약돌 속에 묻어 굽는 '돌구이 고구마', 도자기 항아리 속에 넣어 항아리째 가열해 굽는 '항아리 군고구마', 모닥불에 넣어 굽는 '모닥불 고구마'가 있으며 그 외에 증기로 찌는 '찐 고구마'가 있다.

군고구마 중에서도 특히 달고 맛있는 것은 돌구이 고구마다. 그 이유는 무엇일까?

녹말이 효소의 작용을 받으려면 호화시켜야 한다. 그러기 위해서는 65~75℃ 정도의 온도가 필요하다.

한편, 효소인 아밀레이스는 온도가 높아지면 활발해지지만 단백질 때문에 70℃를 넘으면 열변성이 일어나 실활[1]해 버린다. 따라서 맛있는 군고구마를 만들기 위해서는 65~70℃의 온도를 오래 유지하는

것이 중요하다. 돌구이 고구마는 구워진 돌에서 나오는 원적외선이
고구마를 안에서 천천히 구워내기 때문에 맛있다는 주장이 있다.

---

1 失活, 활성화 상태를 잃게 된다는 의미-옮긴이

40

술은 당질의 변화를 이용해서 만들어진다?

술도 영양소의 변화를 이용하여 만든다. 술의 종류에 따라 원료에 포함된 당분을 발효시켜 만드는 방법과 먼저 녹말을 당으로 분해한 후 발효시켜 만드는 방법이 있다.

와인 만드는 법

모든 술은 단당류인 글루코스를 미생물인 이스트(효모)에 의해 알코올 발효로 만든다. 효모는 글루코스 $C_6(H_2O)_6$를 에탄올 C_2H_5OH과 이산화탄소로 변화시킨다.

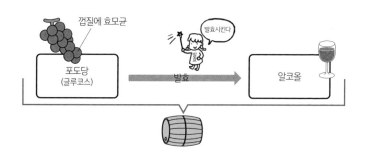

이런 의미에서 와인은 기본적인 술이다. 아무런 연구도 필요 없다. 포도 속에는 글루코스(포도당)가 들어 있고, 포도의 과피에는 천연 효모가 붙어있다.

즉 포도를 으깨어 그냥 두면 가만히 있어도 포도주가 만들어진다.

이런 술을 흔히 양조주라고 한다. 와인의 알코올 도수는 수십 도로 낮다. 그래서 이를 증류하여 알코올 성분이 많은 부분을 모은 것이 브랜디(알코올 도수 45도)이며, 이러한 술을 증류주라고 한다.

맥주 만드는 법

쌀이나 보리에 포함된 탄수화물은 글루코스가 고분자화한 녹말이다. 와인과는 달리 원료에 당분이 포함되어 있지 않다. 따라서 여기에서 술을 만들려면 먼저 녹말을 분해하여 포도당으로 만들어야 한다.

① 포도당 만들기 : 맥주의 원료인 보리에는 녹말밖에 없다. 이를 분해하여 포도당으로 만드는 데 사용하는 것이 맥아에 포함된 효소다. 먼저 보리를 발아시킨 다음 열풍으로 건조시켜 부순다. 부순 것과 보리를 따뜻한 물에 넣어두면 녹말은 가수분해되어 포도당이 된다.

② 발효 : 이를 여과하여 얻은 포도당의 수용액에 향을 입힌 홉과 효모를 넣어 발효시키면 맥주가 완성된다.

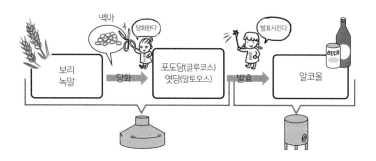

일본주 만드는 법

일본주도 맥주와 마찬가지로 원료가 되는 쌀에는 당분이 포함되어 있지 않다. 따라서 먼저 녹말을 포도당으로 변화시켜야 한다.

일본주는 맥주를 만드는 방법 중 ①과 ②의 과정을 동시에 진행하는 특수한 방법으로 만든다.

먼저 찐 쌀에 누룩이라는 세균을 넣어 쌀누룩을 만든다. 쌀누룩은 바로 녹말을 분해하여 포도당을 만드는 성분이다.

여기에 찐 쌀, 물, 효모를 첨가하여 발효시켜 주모를 만든다.

큰 용기에 주모, 찐 쌀, 물을 더해서 막걸리를 만들고 발효시킨다. 발효가 끝나면 막걸리를 짜서 액체 부분은 일본주가 된다. 짜고 남은 찌꺼기는 술지게미[1]로서 나라즈케[2]처럼 카수즈케[3]의 원료가 된다.

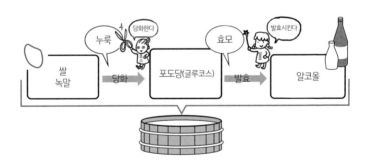

---

1 술을 짜내고 남은 찌꺼기 - 옮긴이
2 월과, 오이, 수박, 생강 등의 채소를 사케카스(사케를 만들 때 나오는 술지게미)에 담가 절인 음식이다.
3 재료를 술지게미 또는 미림 지게미에 담그는 방법이다. 또한 그 방법으로 만든 일본의 절임을 의미한다. 재료는 야채, 과일, 어패류, 육류, 조개류뿐만 아니라 가공 식품 등 다양한 것이 사용된다. 일본 각지에서 만들어진다.

41

지질을 가열하면 어떻게 될까?

지질이란 글리세롤과 지방산으로 이루어진 에스터를 말한다. 단순히 에스터를 조리 온도에서 가열한다고 해도 변화가 일어나지 않는다. 그러나 여기에 물이나 다른 각종 영양소와 같은 불순물이 더해지면 달라진다.

지질의 가수분해

에스터(지질)에 물을 더해 가열하면 가수분해가 일어난다. 더구나 각종 미네랄이 존재하는 조건에서는 미네랄이 촉매 작용을 하여 가수분해를 촉진한다.

즉, 지질은 가수 분해에 의해 글리세롤과 각종 지방산이 되는 것이다. 이중 글리세롤은 단일 구조의 순수 분자이기 때문에 조리 온도에서 변화하지 않는다.

기름을 가열하면 어떻게 될까?

하지만 지방산은 변할 수 있다. 특히 이중 결합을 가진 불포화지방산은 이중 결합에서의 산화와 같은 화학 변화가 일어날 수 있다. 산화가 진행되면 이중 결합이 산화 절단되어 알코올, 알데히드 혹은 새로운 산이 생성될 가능성이 있다.

옥수수유를 가열했을 때 생성하는 성분을 조사한 연구가 있다. 연구에 따르면 알데히드류, 특히 탄소수 6개의 알데히드 생성 비율이 가장 높다고 한다. 한편 돼지기름과 같은 지방을 가열하는 경우도 같은 결과를 얻을 수 있다고 한다.

일반적으로 포름알데히드 HCHO(탄소수1), 아세트알데히드 CH_3CHO(탄소수2) 등, 탄소수가 적은 알데히드류는 특유의 냄새를 가진 휘발성 물질이다. 아세트알데히드는 악취 방지법의 규제 대상이고 그 냄새는 술 먹은 사람의 냄새를 상상하면 알 수 있는 악취다.

또 탄소수가 4~6개인 알데히드류는 오래된 기름을 가열했을 때 경험하는 불쾌한 냄새를 풍긴다.

아세트알데히드는 알코올(에탄올)이 체내에서 산화되어 생기는 숙취의 원인 물질이다. 포름알데히드는 단백질을 경화시키는 작용을 하는 포르말린의 원료이며 새집 증후군의 원인 물질이다.

이 물질들이 지질 가열에 의해 생성될 수 있으므로 튀김 등, 기름을 가열할 때는 주의해야 한다.

42

소기름과 돼지기름의 차이는 무엇일까?

라드가 돼지기름이고, 헤트가 소기름이라는 것은 알고 있어도, 이들의 차이가 무엇인지 알지 못하는 사람도 있을 것이다.

소기름과 돼지기름

엄밀히 말하면 소기름에는 두 가지 종류가 있다. 정제된 소기름과 정제하지 않은 소기름이다. 슈퍼에서 판매하는 소기름은 정제한 것이다. 반대로 정제되지 않은 소기름은 비계 그 자체이며, 보통은 지방뿐만 아니라 살코기가 섞여 있다.

라드는 돼지의 기름이다. 라드에도 두 가지 종류가 있는데, 돼지기름 100%를 '순제 라드'라고 하며, 소기름이나 팜유를 조합한 것은 '조제 라드'라고 한다.

녹는 온도의 차이

돼지기름의 융점은 인간의 체온보다 낮기 때문에 입에 넣으면 녹지만, 소기름은 좀처럼 입에서 녹지 않고 달라붙는 듯한 느낌이 든다.

융점 : 녹는 온도	
소기름	섭씨 35~55도
돼지기름	섭씨 27~40도

어떤 요리에 쓰일까?

소고기에 어울리는 기본적인 요리에는 스키야키나 철판구이, 햄버그스테이크 등이 있다. 특히 햄버그스테이크는 안에 소기름을 넣어 두면 고기를 자를 때 육즙이 넘쳐 맛이 배가 된다. 수입산 소고기로 스키야키를 만들 경우, 국내산 고기를 함께 사용하면 맛이 좋아진다고 한다.

돼지기름은 일반적으로 중화요리에 많이 사용된다. 특히 '볶음밥'과 잘 어울린다. 집에서 만드는 경우는 식물성 기름으로 볶는 경우가 많지만, 요리 전문점은 라드를 사용한다. 맛의 차이는 거기에 있다.

돈가스도 라드로 튀기면 색다른 맛이 난다. 그러나 최근에는 건강을 추구하는 경향이 있어 전문점에서도 식물유로 튀기는 곳이 많아진 것 같다.

닭기름

닭기름이란 닭의 지방 부위를 가열하여 추출한 기름을 말한다. 닭기름은 시판되고 있지만 만들기도 쉽다. 닭 껍질을 프라이팬에 넣고 중약불에서 가열하면 기름이 유리되기 때문에, 이를 모아 병에 넣어 보관하면 된다.

닭기름을 최대한 활용한 것은 라면 스프라고 한다. 한편 볶음밥이나 다른 볶음요리에 사용하면 고소함이 더해진다고 한다.

칼로리와 콜레스테롤의 양은 둘 다 거의 똑같아.

43

비타민을 가열하면 어떻게 될까?

식재료를 가열하면 변화하는 것처럼 영양소 중에도 가열함으로써 변화하는 것이 있다. 비타민은 어떨까?

열이나 빛에 약한 비타민

일반적으로 비타민은 열이나 빛에 약하다. 수용성 비타민, 특히 비타민 C는 열에 약한 것으로 알려졌지만, 그렇지 않다는 연구도 있다.

그러나 기체 외의 물질의 용해도는 일반적으로 온도와 함께 상승한다. 따라서 수용성 비타민이 포함된 야채를 물에 삶으면 녹아버리는 성분이 증가하기 때문에, 식품에 남는 비타민은 그만큼 적어진다.

그렇다면 수용성 비타민이 포함된 야채는 생으로 먹으면 되느냐 하면 꼭 그렇다는 할 수 없다. 토끼가 아닌 사람은 생야채를 그렇게 많이 섭취할 수 있는 건 아니다. 또 식물의 세포는 셀룰로오스로 된 세포막으로 덮여 있어 초식동물이 아닌 인간은 소화할 수 없다. 역시 가열하여 부드럽게 해서 섭취하는 것이 좋다.

일반적으로 비타민 B군은 빛에 약하기 때문에 비타민 B군이 포함된 식품은 차광하여 보관하는 것이 좋다고 알려져 있다. 반대로 **비타민 D는 전구체를 빛에 비추면 만들어지기 때문에**, 표고버섯 등을 햇볕에 말리면 비타민 D의 함유량이 증가한다.

비타민 B$_{12}$를 가열하면 줄어든다

비타민 B$_{12}$가 포함된 식재료를 가열한 경우 잔존율이 줄어든다고 하는 연구 결과가 있다. 이에 따르면 가열 후 잔존하는 비타민 B$_{12}$는 소고기의 각 부위에서 61~88%, 돼지고기 각 부위에 76~90%를 차지하고 있다고 한다. 그중에서도 우유에 들어 있는 비타민 B$_{12}$를 가열하면 현저하게 감소하며, 전자레인지에서 3분 가열 및 직화 30분 가열로 약 50%가 소실된다고 한다. 식재료 내의 어떤 물질이 비타민과 반응하는 것이다.

그런데 비타민의 구조는 단순한 것이 많지만, 비타민 B$_{12}$의 구조식은 입체적으로 얽혀 있어 복잡하다. 구조를 해석한 도러시 호지킨은 1964년 노벨 화학상을 받았다. 즉 비타민 B$_{12}$의 구조가 얼마나 복잡한지를 노벨상이 보증한 것이다.

그런데 놀랍게도 이를 화학적으로 합성한 사람이 있다. 20세기 최고의 유기화학자로 꼽혔던 미국의 로버트 우드워드가 1973년 합성에 성공했다. 그는 이 합성 이전에, 각종 복잡화합물 합성으로 노벨 화학상을 받았다.

우유를 냄비에 데울 때는 10분 이하로 가열해야 비타민 B$_{12}$가 줄어들지 않아.

미네랄은 조리법에 따라 변화할까?

미네랄은 몸의 조직을 만들거나 몸의 기능을 조절하는 작용을 하는 우리 몸에 꼭 필요한 영양소다. 조리 때문에 미네랄이 손상되거나 줄어들까?

미네랄 자체는 조리법에 따라 변화하지 않는다

식품, 암석, 생물, 별, 태양 등 우주를 구성하는 모든 물질은 원소로 이루어져 있다.

식품에 포함된 영양소로서 알려진 미네랄은 원소이며, 미네랄이라고 불리는 물질의 대부분은 금속 원소다.

과학이 진보한 현대에는 원자로를 사용하는 등, 원소를 변화시키는 것을 알고 있다. 그러나 일상생활 차원에서는 원소를 다른 원소로 바꾸는 것은 불가능하다. 따라서 가열과 같은 조리에 의해 미네랄 자체가 변화할 걱정은 없다.

요리에 따라 흡수율이 달라질 수 있다

그러나 미네랄 자체가 변화하는 것은 아니지만 미네랄이 포함된 식재료는 당연히 조리에 따라 변화한다.

미네랄 중에도 칼륨은 물에 녹기 쉬운 성분이다. 채소를 세척하면 그 일부가 녹아 나온다. 따라서 너무 오래 씻거나 물에 담가두면 손실되는 미네랄도 있다. 식재료가 소화되기 어려워지면 당연히 그 내부에 들어 있는 미네랄도 흡수되기 어려워질 것이다. 그리고 조리에 의해 산화 혹은 환원된 경우에도 흡수되기 쉬워지거나 흡수되기 어려울 것으로 생각된다.

한편 건강기능식품으로 시판되고 있는 것은 미네랄이라고 해도 미네랄뿐만 아니라 증량제나 당과 같은 첨가물을 포함하고 있다. 이 첨가물이 저장 중열, 빛, 습기 등에 의해 변화하여 품질의 열화를 초래하는 것은 충분히 고려해야 한다.

미네랄의 경우에는 아프거나 요양할 때처럼 상당히 특수한 식사 환경이 아닌 한 부족하지 않은 것으로 알려져 있기 때문에, 균형 잡힌 식사를 꾸준히 하면 보충제에 의지할 필요는 없을 것이다. 그보다 다양한 종류의 식재료를 골고루 섭취하는 것이 건강에 좋을 것이라고 생각된다.

45

냄비 요리의 떫은맛을 걷어내는
이유는 무엇일까?

냄비 요리를 만들 때 식재료를 넣는 순서와 먹는 타이밍을 가늠하여 다른 사람에게 지시하거나 속재료를 더하고 떫은맛을 걷어내며 이것저것 지휘하는 사람을 '나베부교'라고 한다. 그런데 이 '떫은맛'의 정체는 무엇일까?

떫은맛의 정체

냄비 요리뿐만 아니라 생선이든 고기나 야채든 식재료를 끓이면 반드시 나오는 게 떫은맛이다. 냄비 가장자리나 식재료 주위에 엷은 갈색의 그다지 보기 좋지 않은 거품이 떠오른다.

떫은맛은 식재료에서 수용성 성분이 녹아내린 후, 그 성분에 열변성이 일어나 굳어진 것이다. 식물성 식재료라면 식물성 단백질이나 식이섬유의 일부일 것이고, 동물성 식재료라면 혈액이나 림프액 등이 굳어진 것이다.

식물성 단백질이 굳어진 것이라면 두부와 비슷하다. 식이섬유라면 식이섬유로서 장운동의 묘약이 된다. 동물의 혈액은 서양에서는 그

---

1 부교(奉行)란 에도 시대 일본의 지역 행정을 담당하는 관료의 명칭으로 '나베부교'는 요리를 만들 때 국물의 양, 재료와 소스의 투하 시기 조절 등을 담당하는 사람을 부교라는 관료에 빗대어 지칭하는 말이다. 한국말로 굳이 옮기면 '전골 사또' 정도가 되겠다. -옮긴이
출처 : https://www.chosun.com/site/data/html_dir/2017/10/10/2017/101000168.html?form=MY01SV&OCID=MY01SV

자체를 소시지의 식재료로 이용하고 있다.

아무튼 충분히 1차 조리가 되어 있고, 오염이나 유해 성분이 제거된 식재료라면 떫은맛에는 아무 문제가 없다. 즉 유해성의 관점에서 보면 떫은맛에는 문제가 없으므로 걷어낼 필요는 없다. 영양소의 관점에서 보면, 오히려 걷어내는 것은 아깝다고 할 수 있다.

그러나 '겉모습'과 '맛'의 관점에서 말하면 이야기는 달라진다.

떫은맛에는 이른바 잡미가 있다. 떫은맛을 걷어내면 '시원하고 고급스러운 맛'이 될 것이고, 떫은맛을 그대로 두면 '깊고 여운이 남는 맛'이 된다. 어느 쪽을 선택할지는 먹는 사람의 취향 에 달렸다.

설탕 중에서도 무색투명한 그래뉴당은 불순물을 제거하여 깔끔한 풍미가 돋보이지만, 생선 조림에는 잡미가 있는 갈색 삼온당을 사용하는 게 맛이 있다.

외관상으로 말하면 아마 떫은맛을 제거하는 게 좋을 것이다.

갈색 거품이 덮인 요리와 식재료의 모습과 색상이 선명한 요리 중 어느 것이 식욕을 돋우는지는 말할 것도 없다.

직장 상사가 나베부교를 담당하고 있을 때는 지금까지 살펴본 떫

은맛에 대해 모르는 척하고 상사에게 고마워하는 표정을 짓는 게 눈치 빠른 부하 직원의 센스일 것이다. 이런 센스를 발휘하면 머지않아 좋은 일이 있을지도 모른다.

46

산나물의 떫은맛을 제거하는 이유는 무엇일까?

산나물과 같은 식물 속에는 먹기 전에 반드시 물에 담그거나, 혹은 떫은맛을 제거해시 없애아 하는 성분이 있다. 냄비 요리의 '떫은맛'과는 달리 산나물의 떫은맛은 제거하지 않으면 먹을 수 없기 때문에 이는 중요한 작업이다.

'떫은맛'이란 무엇일까?

'떫은맛'에는 두 가지 뜻이 있다. 하나는 앞에서 살펴본 냄비 요리의 떫은맛처럼 식재료에서 나온 수용성 성분이 열로 굳어진 것이다. 다른 하나는 식물을 태우고 남은 재를 물에 녹인 액체다. 지금부터 이 두 번째인 '잿물'을 사용하여 산나물의 떫은맛 제거에 대해 살펴보도록 하자.

한편 일반적으로 산나물의 '독소'를 '떫은맛'이라고 하는 경우가 있다. 따라서 '산나물의 떫은맛 제거'가 유해 성분을 제거하기 위해 사용하는 '잿물'을 말하는 것인지, 산나물의 유해 성분인 떫은맛을 말하는 것인지는 분명치 않은 점이 있다.

물에 담그기

식재료에 따라서는 장시간 물 혹은 흐르는 물에 담가야 하는 것도 있다. 바로 수용성 유해 물질이 포함된 식재료에서 유해 성분을 제외하기 위해서다.

석산에는 라이코린이라는 독극물이 포함되어 있다. 석산은 씨를 붙이지 않기 때문에 씨가 날아가 번식을 하는 것은 아니다. 인간이 심어야 번식을 한다. 옛날에 석산을 마을 안에 심었던 이유는 다양하다. 땅에 묻힌 소중한 사람에게 짐승이 다가가지 못하도록 하기 위해 심은 것이 묘지에 석산이 많은 이유다. 석산이 논에 많은 것은 논둑에 두더지가 구멍을 뚫지 않도록 심었기 때문이다.

그리고 또 하나 기근에 대비한 구황작물로 심어진 것으로 알려져 있다.

라이코린은 수용성이므로 물에 정성껏 담그면 독은 빠지고 녹말만 남는다. 결국 식량이 바닥이 났을 때 충분히 물에 담가 먹었다. 평소에는 귀찮기도 하고 맛이 없기 때문에 아무도 먹지 않는다.

소철과 칠엽수의 열매도 구황작물이라고 한다. 석산처럼 물에 담근 후에 먹을 수 있다.

떫은맛 제거

떫은맛을 제거하려면 하룻밤 정도 잿물[1]에 담가두면 된다. 지금은 간편하게 베이킹소다를 녹인 물에 담가 떫은맛을 제거하기도 한다.

떫은맛 제거를 유용하게 이용한 것이 고사리다. 고사리에는 프타퀼로사이드라는 독성물질이 들어 있다. 방목한 소가 고사리를 잘못

---

1 식물을 태우고 남은 재를 물에 녹인 액체

잿물

먹으면 혈뇨 증상을 보이며 쓰러진다고 한다. 그만큼 위험한 독이다.

그러나 프타퀼로사이드의 무서움은 그것으로 끝나지 않는다. 혈뇨 증상은 일시적인 것으로 응급처치로 치료될 수 있지만, 이 독은 주로 땅콩에 생기는 곰팡이인 아플라톡신과 함께 발암성이 높은 물질로 1, 2위를 다툰다.

하지만 우리는 산에서 채취한 고사리를 그대로 먹지는 않는다. 먹으려고 해도 떫은맛 때문에 먹지 못할 것이다. 그래서 반드시 떫은맛을 제거하고 나서 먹어야 한다. 잿물은 염기성이므로 프타퀼로사이드가 쉽게 가수분해되어 무해해진다.

'떫은맛 제거'는 그대로는 도저히 먹을 수 없는 산나물을 맛있게 즐기기 위한 인간의 지혜다.

튀기거나 삶으면 맛있어!

47

부패와 발효는 무엇이 다를까?

'부패'와 '발효'는 둘 다 미생물의 작용에 의하여 물질이 분해되는 과정이다. 도대체 무엇이 다를까?

식품을 부패시키거나 발효시키는 '박테리아'는 무엇일까?

일반적으로 식중독이라고 하면 부패한 음식물의 섭취가 원인이 되는 경우가 많다.

부패란 음식물이 이른바 세균에 의해 유해한 물질로 변화하는 것이다. 일반적으로 말하는 세균에는 사실 두 종류가 있는데, 한 종류는 미생물이지만 다른 한 종류는 생물이 아니라 물체다.

세균이라는 것의 일종인 세균은 스스로 영양소를 자신의 체내로 집어넣어, DNA나 RNA의 핵산을 이용하여 유전을 동반한 자기 증식을 할 수 있다. 그리고 세포막에 둘러싸인 세포 구조를 가지고 있다. 따라서 생물이라고 할 수 있다.

또 하나의 세균, 바이러스는 스스로 영양소를 섭취할 수 없다. 숙주의 영양소를 가로채는 일밖에 할 수 없는 것이다. 물론 숙주는 생명체여야 한다. 그 말은 바이러스는 비생명체인 식품 속에서 번식할 수 없으며 식품을 변화시킬 수 있는, 즉 부패시킬 수 있는 힘은 없다. 식품을 부패시키는 것은 세균과 같은 미생물이다.

바이러스와 세균의 차이

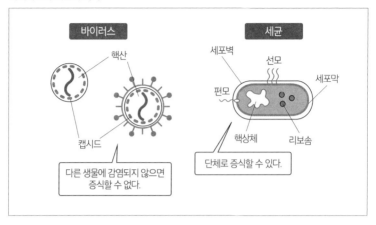

음식물이 '미생물'에 의해 다른 물질로 변화하는 현상은 또 있다. 그것은 바로 발효다. 글루코스가 에탄올과 이산화탄소로 변화하는 알코올 발효는 전형적인 사례다. 된장, 간장, 식해 등, 발효의 예시는 얼마든지 있다.

그러나 이들은 발효라고 하며 부패라고 하지는 않는다. 과연 무엇이 다를까?

부패로 만들어진 것은 식중독을 일으키는 독성물질이다. 이와 반대로 발효로 만들어진 것은 술의 알코올, 빵 반죽을 발포시키는 이산화탄소, 식해의 산미나 풍미가 되는 젖산 등, 맛이 좋아서 도움이 되는 것이다.

즉 발효와 부패의 차이는 인간의 형편에 의한 것이다.

인간에게 유용한 것을 발효, 유해한 것을 부패라고 할뿐이다. 어느 경우든 세균은 세균 나름대로 성실하게 열심히 일하고 있는 것이다.

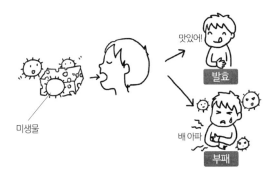

맛있어!
발효

미생물

배 아파
부패

발효와 숙성은 무엇이 다를까?

그렇다면 최근 인기를 얻고 있는 숙성육의 '숙성'이란 무엇일까?

이때의 숙성은 세균의 작용에 의한 것이 아니다. 발효와는 달리 세균과 같은 식재료 외부에 있던 것에 의한 작용이 아닌 식재료 속에 원래 존재하고 있던 것에 따른 변화인 것이다.

고기 속에 원래 있던 것은 효소다. 즉 효소에 의해 단백질이 분해되어 감칠맛의 성분인 아미노산으로 변화하는 것이 바로 숙성이다.

생햄은 숙성 식품의 전형이라고 할 수 있다. 돼지 다리의 핏물을 뺀 후, 소금을 문질러서 몇 개월 동안 숙성시킨 게 생햄이다. 가쓰오부시도 가다랑어의 살을 삶아서 훈제한 후, 몇 개월간 건조와 숙성을 거친 것이다.

제 5 장

질병과 영양소

48

왜 질병이 생기는 걸까?

질병은 유전자 질환처럼 인간이 원래부터 그 원인을 가지고 있기도 하지만, 대부분의 경우 세균이나 바이러스 같은 외인성 요인으로 발생한다. 우리 몸을 이러한 원인에 대항할 수 있도록 단련시켜 두면 질병이 생길 가능성은 낮아진다.

질병의 네 가지 원인

생체는 언제나 변함없이 생명 활동을 계속하는 것은 아니다. 생체는 시간이 지남에 따라 성장하고, 노화하며 마침내 생명 활동을 끝낸다. 그러나 이러한 예정된 생명 활동의 변화 이외에도 일시적, 돌발적으로 일어나는 변화가 있다. 질병은 그러한 것이다.

질병의 종류는 수없이 많으며 그와 더불어 질병의 원인은 다양하지만, 그림에 나타난 네 가지로 크게 분류할 수 있다.

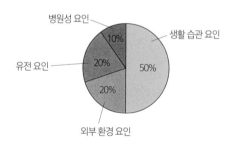

① 병원성 요인

의료행위로 인해 발생한다. 원래는 발생해서는 안 되지만, 놀랍게도 10%나 차지한다. 병원성 요인의 예로는 약의 부작용을 들 수 있다.

② 유전 요인

DNA의 이상으로 발생한다. 현재로서는 근본적인 치료가 어렵다. 적혈구가 초승달 모양으로 바뀌는 낫 모양 적혈구 빈혈증이나 심각한 근력 약화가 나타나는 근위축성 측삭 경화증 등이 있다.

③ 외부 환경 요인

병원체, 유해물질, 사고, 스트레스 등 환자의 외부 환경에 원인이 있으며, 가장 병다운 병이라고 할 수 있다. 식품과 관련해서 말하면, 부패한 음식물 섭취에 의한 식중독이 있다.

한편 공해로 발생한 욧카이치 천식 사건[1]처럼 유해한 기체(매연)를 흡입하거나 원자로 사고로 인한 갑상샘암처럼 방사선에 의한 질병도 있다.

질병은 일반적으로 세균이나 바이러스에 의해 발생한다. 요즘 유행하는 신종 코로나 바이러스 폐렴, 독감, 홍역, 폐결핵 등의 전염병 혹은 석면 흡인에 의해 생긴 악성 중피종도 있다.

---

1 1950년대 일본 욧카이치 시의 석유 화학 공단에서 이산화질소 따위의 유해 물질이 배출되어 발생한 대기 오염 사건. 각종 호흡기 질환으로 1,231명의 피해자와 80여 명의 사망자를 낳았다. -옮긴이

④ 생활 습관 요인

가장 많은 것이 생활 습관 요인이며, 질병의 원인의 절반을 차지하고 있다. 원인은 음주, 흡연, 그리고 특히 식생활이 큰 비중을 차지하고 있다. 이 원인에는 영양소가 크게 관련되어 있다.

주요 질병으로는 심근경색증, 암, 뇌졸중간경변, 당뇨병 등이 있다.

최근 문제가 되는 것은 비만, 즉 과식, 칼로리 과잉 섭취다. 지질이 많은 음식물을 좋아하지만, 운동은 싫어하면 살이 찔 수밖에 없다. 게다가 채소를 싫어한다면 비타민도 충분히 섭취하고 있지 않을 것이다. 그런 상태라면 미네랄도 충분히 섭취하고 있지 않을 것이다.

인간의 몸은 3대 영양소인 탄수화물, 단백질, 지질만 필요로 하는 게 아니라는 것을 잊지 말아야 한다.

영양소를 균형 있게 섭취하고 식생활에 주의함으로써 예방할 수 있는 것이 생활 습관 요인에 의한 질병이다.

49

영양소가 부족하면 질병에 걸리는 걸까?

영양소는 인간의 몸을 구성하고, 이를 유지하기 위해 필요한 것이다. 영양소가 부족하면 본인이 자각하지 못해도 몸의 어딘가에서 불편함이 나타나게 된다. 머지않아 그것은 병이 되고 표면화될 것이다.

3대 영양소가 부족하면 어떻게 될까?

3대 영양소에는 탄수화물, 단백질, 지질이 있다. 이들이 부족하면 기초적인 체력 저하를 불러 일으켜 다양한 질병에 걸리기 쉽다. 한편 치료에도 시간이 걸린다.

탄수화물	탄수화물이 부족하면 에너지 부족에 의한 피로감, 집중력 및 학습 능력의 감퇴, 불면, 초조, 불안 등이 발생한다.
단백질	단백질이 부족하면 뇌의 기능이 둔해지고 체력 및 지구력, 질병에 대한 저항력이 약해진다. 빈혈, 피부 트러블, 탈모 등이 발생한다.
지질	지질이 부족하면 성장이 늦어진다. 한편 피부 장애(습진), 혈관이 약해지거나, 피부 트러블 등이 발생한다.

비타민 부족

비타민은 체내의 생화학 반응을 조절하고, 체내 기능을 조절하는 기능을 한다. 비타민 부족은 이런 조절 기능을 잃어버린 것을 의미한다. 비타민 부족으로 인해 생기는 비타민 결핍증은 앞에서 살펴본 내용과 같다.

미네랄 부족

미네랄의 필요량은 소량이지만 체내에서 매우 중요한 기능을 담당한다. 그것은 미네랄이 체내 반응인 생화학 반응의 종류나 속도를 통괄하는 효소와 이를 돕는 보조효소를 만드는 중요한 영양소이기 때문이다.

일반적으로 효소와 보조효소는 단백질로 되어 있으며, 그 안에 미네랄이 들어 있다. 그것은 훌륭한 절의 훌륭한 즈시[1]에 담긴 높이 10cm의 불상을 닮았다. 절의 즈시는 단백질이며, 불상은 아연이나 코발트와 같은 미네랄이다. 불상이 없으면 즈시는 그저 장식품이다. 미네랄이 부족하면 생체는 조절 기능을 잃고, 각종 장기 및 기능이

너희들이 없으면 안 돼.

아연   코발트   효소

1 불상·경전·책·식기 따위를 넣어 두는 궤 또는 장으로 그 용도는 매우 넓다. 선반에 이것을 고정시키거나 직접 선반에 2개의 문짝을 달아 쓰는 것도 이렇게 부른다. -옮긴이

제각각으로 움직이게 된다. 이러한 기능의 실조는 면역 기능의 실조로 이어지며, 머지않아 심각한 질병에 걸릴 가능성이 있다.

한편 질병은 나았어도 기능이 예전처럼 회복하는 데는 시간이 걸린다. 질병의 회복과 동시에 미네랄 상태의 회복을 도모해야 하는 것이다.

50

질병에 걸리지 않으려면
어떤 영양소를 섭취하면 좋을까?

제대로 된 영양소를 섭취하면 질병을 예방할 수 있다. 어떤 영양소를 섭취하는 게 도움이 될까?

면역력 강화에 도움이 되는 영양소

단백질은 세포의 주요 성분이므로 두부, 고기, 유제품 등에 포함된 양질 단백질을 섭취하면 면역 세포의 작용이 활발해진다. 더욱이 비타민 A, 비타민 E 등의 비타민류, 아연이나 셀레늄, 구리, 망가니즈 등의 미네랄류, 콜레스테롤 등도 면역 세포 강화에 꼭 필요한 영양소다.

스트레스 완화에 도움이 되는 영양소

칼슘	신경이 흥분할 때는 세포가 칼슘을 필요로 한다. 칼슘이 부족하면 이를 보충하려고 뼛속의 칼슘이 녹아 세포 안으로 대량으로 방출된다. 이 때문에 칼슘이 부족하면 과도한 흥분 상태에 빠져 감정이 진정되지 않는다고 한다.
마그네슘	마그네슘은 신경 전달을 정상적으로 유지하고, 흥분을 억제하여 스트레스를 완화하고, 정신 상태를 안정시키는 기능을 한다. 감정을 진정시키기 위해서는 칼슘뿐만 아니라 마그네슘도 섭취해야 한다는 것을 잊지 말아야 한다.
비타민 C	비타민 C는 스트레스에 대항하는 호르몬을 만들어 낸다. 우리 몸은 스트레스를 받으면 이에 대항하는 호르몬을 분비하여 저항력을 키워 준다. 스트레스를 받으면 비타민 C의 양이 격감하므로 충분히 섭취해야 한다.

비타민 B₁	비타민 B₁은 감정 기복을 진정시키는 효과가 있다. 비타민 B₁도 비타민 C와 마찬가지로 스트레스를 받으면 많이 소비되므로 스트레스나 피로가 쌓이지 않도록 해야 한다. 감정을 진정시키기 위해서는 일상적으로 섭취하는 것이 중요하다.

감기 예방에 도움이 되는 영양소

단백질은 점막을 튼튼하게 하는 작용을 하고 감기 예방에 효과적이다. 단백질을 구성하고 있는 아미노산은 저항력을 키워 준다. 그중에서도 시스틴은 면역 기능을 조절하는 물질인 글루타티온을 만드는 재료가 된다.

녹차에 포함된 타닌이라는 아미노산도 글루타티온을 만드는 재료가 된다.

비타민 A, 비타민 C, 비타민 E는 모두 체내 활성산소의 작용을 막고, 글루타티온처럼 면역 세포의 기능이 떨어지는 걸 막아준다.

암 예방을 위한 식생활

암의 원인은 다양하다. 영양적인 측면에서 살펴보면 다양한 영양소를 균형 있게 섭취하는 것, 그리고 과잉 섭취를 피하는 것이 중요하다.

국 하나에 반찬 세 가지로 된 상차림이 균형 잡힌 식사의 기본이다. 암 예방을 위한 식생활 지침은 다음과 같다.

- 채소와 과일을 충분히 섭취한다.
- 다양한 종류의 곡물, 콩류, 뿌리채소류를 섭취한다.

- 육류는 하루 80g 이하로 섭취한다.
- 동물성 지방의 섭취를 삼가고 식물성 지방을 적당히 섭취한다.
- 소금은 성인을 기준으로 하루 6g 이하로 섭취한다.
- 음주를 삼간다.
- 음식물은 싱싱할 때 섭취한다.
- 식품첨가물이나 잔류 농약에 주의한다.
- 탄 음식은 발암물질이 발생했을 가능성이 있으므로 삼간다.

51

건강기능식품은 몸에 좋을까?

영양소를 보충하기 위해 건강보조식품이나 건강기능식품을 챙겨 먹는 사람도 있을 것이다. 모두 건강을 위해 섭취하고 있지만, 섭취 방법에 따라 역효과가 나거나 효과가 떨어질 수 있다.

건강기능식품의 효과

건강기능식품은 특정 영양소, 비타민을 보충하기 위한 것이기 때문에 적어도 표기된 성분을 포함하고 있는 건 틀림없다. 하지만 영양소를 꼭 건강기능식품을 통해 섭취해야 하는 걸까?

미국 존스홉킨스대학교의 연구 결과에 따르면 건강하고 균형 잡힌 식사를 하는 사람이라면 건강기능식품을 섭취할 필요는 없다고 한다. 연구자 중 한 사람은 '건강해지고 싶다면, 효과 없는 건강기능식품에 돈을 쓰는 것은 그만두고 과일 채소, 견과류, 콩류, 저지방의 유제품 등의 식품을 먹고 운동을 해야 한다'라고 주장한다.

그러나 비타민 D만은 부족한 사람이 많으므로 주의해야 한다고 덧붙였다.

최근 자외선의 해로움이 강조된 나머지 햇볕을 쬐지 않는 사람이 늘었다. 비타민 D는 햇볕을 받으면 체내에서 합성되기 때문에 햇볕을 쬐지 않는 사람은 식품에 의존하는 방법밖에 없다.

문제는 많은 건강기능식품에는 다양한 비타민과 영양소가 함께 들어 있다는 것이다. 특정 영양소를 보충하려면 불필요한 영양소까지 섭취하게 된다. 이 부분이 걱정되는 사람은 영양사나 약사와 상담해보는 걸 추천한다.

건강기능식품의 주의점

우리는 '의약품에는 인공적이고 위험한 이미지가 있지만, 건강기능식품이나 허브는 자연적인 것이므로 안심해도 좋다'라고 생각하기 쉽다. 그러나 자연적인 것이기 때문에 안전하다고는 할 수 없다.

예를 들어 1992년 미국에서 살을 빼는 데 효과가 있다고 알려진 쥐방울덩굴이 들어간 건강기능식품을 섭취한 70명에게 신장 이식 및 신장 투석이 필요한 심각한 장애가 발생했다. 일본에서는 2002년부터 중국산 다이어트 건강식품에 의한 피해가 잇따라 보고되었고, 798명에게 간 기능 장애나 갑상샘 장애 등이 발생하여 4명이 사망했다.

안전한 건강기능식품을 선택하는 것, 그리고 건강기능식품에만 의존하지 않고 균형 잡힌 식사를 하는 것이 중요하다.

52

칼로리를 제한하면 오래 살 수 있을까?

현재 일본인의 경우 칼로리 부족보다 칼로리 과잉으로 질병에 걸리는 사람이 더 많다. 한편 칼로리를 제한함으로써 활성화하는 유전자가 있는 것으로 알려져 있다.

장수 유전자

최근 다양한 노화 요인을 억제하는 **장수 유전자**(시르투인)가 밝혀져 주목을 받았다.

이 장수 유전자는 2000년에 미국 매사추세츠 공과대학의 연구자가 효모에서 발견한 것으로 인간도 그 유전자가 있다는 게 밝혀졌다.

시르투인에는 세포 내에서 에너지를 만드는 미토콘드리아를 증가하거나 세포 내에서 오래된 미토콘드리아를 새롭게 만들어 세포를 회춘시키는 작용 외에, 몸에 유해한 활성산소를 없애거나 동맥경화증이나 당뇨병과 같은 질병을 예방하는 작용을 한다.

칼로리를 제한하면 장수 유전자가 활성화된다

이 장수 유전자는 처음부터 이런 기능을 하는 것은 아니고, 일반적으로 잠든 상태로 존재하고 있다. 그런데 섭취하는 칼로리를 제한하면 이 장수 유전자가 활성화된다.

인간을 대상으로 한 연구에서 하루에 필요한 에너지양의 25%의 칼로리를 7주간 제한했더니 장수 유전자의 기능이 4.2~10배로 증가했다는 보고가 있다.

섭취 칼로리를 줄이면 예방할 수 있는 질병이 있다

섭취 칼로리를 제한하여 체중을 줄임으로써 당뇨병이나 동맥경화증의 발병도 막을 수 있다.

실제로 위스콘신대학교가 사람과 가까운 종의 히말라야원숭이를 상대로 실시한 연구에서는 식사 칼로리를 제한한 원숭이가 자유롭게 식사한 원숭이보다 암, 심혈관질환, 당대사 이상 등의 병에 걸린 원숭이의 비율이 확실히 낮은 것으로 나타났다.

섭취 칼로리를 제한하기 위해서는 단순히 식사의 칼로리를 줄이면 된다. 그러나 특정 영양소만을 제한한 식사를 하면 영양 균형이 무너져 버릴 위험이 있다. 즉 식단은 평소대로 하고 식사의 총량을 감소시키는 것이 중요하다.

한편 과도하게 식사량을 줄이고 섭취 칼로리를 제한하려고 하면 필요한 영양소가 부족해져 건강 면에서 오히려 좋지 않을 수 있으므로 주의해야 한다.

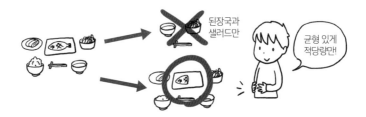

53

질병에 걸렸다면
어떤 영양소를 섭취하면 좋을까?

아무리 건강에 신경을 써도 질병에 걸릴 수 있다. 그때는 과연 어떤 영양소를 섭취하면 좋을까?
현대인이 걸리기 쉬운 질병을 살펴보도록 하자.

우울증

우울증에 걸렸을 때 섭취해야 하는 영양소에는 비타민(B_{12}와 엽산 등),
미네랄(철, 아연 등), 필수 아미노산(트립토판 등), 지방산(EPA, DHA) 등
이 있다. 단 이러한 영양소가 포함된 식재료도 과식하면 칼로리 섭취
가 많아지고 영양소가 편중되므로 균형 있게 적당한 양을 섭취하는
게 중요하다.

비타민	비타민 D, 비타민 B_1, 비타민 B_2, 비타민 B_6, 비타민 B_{12}, 엽산 등이 부족하면 우울증의 발병 및 경과에 악영향을 미치는 것으로 알려져 있다. 이러한 비타민은 채소와 버섯, 간, 고기, 해산물을 통해 섭취할 수 있다.
미네랄	철, 아연 등의 미네랄이 부족해도 우울증에 걸릴 수 있다고 한다. 미네랄은 고기나 생선, 달걀을 통해 섭취할 수 있다.
아미노산	트립토판이나 메티오닌과 같은 필수 아미노산이 부족하면 기분이 우울해지기 쉽다. 필수 아미노산은 고기, 생선, 달걀, 콩, 우유 등에 들어 있다.
지방산	DHA, EPA 등의 n-3 불포화지방산은 뇌의 중추신경계에서 중요한 역할을 한다. 이들 지방산은 생선에 많이 들어있다고 알려져 있다.

한편 스트레스는 장내 환경과도 관련이 있으므로, 장내 환경을 개선하면 스트레스가 줄어든다고 알려져 있다. 장내 환경을 개선하기 위해서는 유산균과 비피두스균, 올리고당, 식이섬유를 섭취해야 한다.

건강한 사람은 우울증 환자보다 녹차를 마시는 빈도가 더 많다는 조사 결과도 있으므로 녹차를 마시는 걸 추천한다. 녹차에는 카테킨과 타닌이라는 면역력을 높여주는 성분이 들어 있다.

감기

감기를 낫게 하려면 다음과 같은 영양소가 필요하다.

비타민 A	점막이나 피부를 건강하게 만들고 바이러스 등으로부터 몸을 보호하며 면역력을 높여준다. 특히 코, 목, 입, 위, 장과 같은 온몸의 점막을 보호하며, 병원체로부터 몸을 보호하고 피부가 건조해지는 걸 방지한다.
비타민 B$_1$	당질을 에너지화할 때 필요한 비타민으로, 열이 있을 때는 비타민 B$_1$이 많이 소비된다. 부족하면 쉽게 피로해지기 때문에, 열이 날 때는 특히 많은 양이 필요하다.
비타민 B$_2$	비타민 B$_2$가 부족하면 체력이 떨어지기 쉽고, 염증도 쉽게 가라앉지 않으므로, 열이 날 때는 특히 많은 양이 필요하다.
비타민 C	체내에 침입한 바이러스를 공격하는 백혈구의 기능을 돕거나 스스로 바이러스를 공격하여 몸을 보호한다. 바이러스나 병원체로부터 몸을 보호하고 콜라겐의 생성을 촉진하여 피부의 상처를 치유하며, 빈혈을 예방하거나 스트레스와 피로를 완화하는 기능을 한다.
비타민 E	말초혈관의 혈류를 개선하는 작용을 하기 때문에 한기가 들 때 체온을 올려줄 뿐만 아니라, 전신에 영양소가 잘 전달되어 체력 회복에도 효과를 발휘한다. 혈류가 원활해지면 면역 세포의 활동도 활발해지기 때문에 감기에 대한 면역력이 높아진다. 열이 나면 에너지 소비가 높아지기 때문에 체내에서 활성산소가 증가한다. 비타민 E는 활성산소를 없애는 항산화 작용을 한다.
단백질	열이 나면 기초대사가 올라가므로 체력이 손실됨과 동시에 체내에서 단백질의 분해가 진행된다. 체온이 평상시보다 1℃ 오르면 기초대사는 13% 상승하며, 평상시에 비해 두배 이상 단백질이 분해되므로 많은 양의 단백질이 필요하다.

힘내~

설사

수분을 섭취하면 설사가 심해진다고 생각할지도 모르지만, 설사를 할 때야말로 수분 보충이 필요하다. 그러나 장점막이 예민해져 있으므로 차가운 수분은 피하도록 한다. 설사가 계속되면 전해질이 들어 있는 스포츠 음료를 추천한다.

식사는 저지방 고단백 식사가 좋다.

54

건강에 해로운 음식물이란 어떤 것일까?

건강을 위해 섭취해야 하는 식품은 다양하지만, 가급적 삼가야 하는 건강에 나쁜 식품에는 어떤 것이 있을까?

원래 대부분의 식품은 건강에 좋은 면과 나쁜 면이 있다. 이상적인 식품이라고 알려진 달걀도 콜레스테롤이 포함되어 있어 건강에 해롭다고 말하는 사람도 있다. 그리고 건강에 악영향밖에 주지 않는 물질은 원래 식품이라고 하지 않을 것이다.

뜻밖의 함정

물이 해로운 식품이라고 생각하는 사람은 없을 것이다. 그러나 독이 될 것인지는 섭취량에 달려있다. 물도 너무 많이 마시면 수명이 줄어든다.

2007년 미국에서 여성들만 참가할 수 있는 물 마시기 대회가 열렸다. 거기에서 준우승한 여성이 귀가 후 컨디션이 나빠져서 그대로 사망했다. 의사가 내린 사인은 '물 중독'이었다.

한편 설탕에는 에너지로 사용되는 당질과 미네랄이 포함되어 건강 유지에 도움이 되지만, 과잉 섭취하면 당뇨병과 같은 질병으로 이어질 수도 있다. 소금도 건강에 꼭 필요한 영양소지만, 너무 많이 섭취하면 고혈압과 같은 질병으로 이어진다.

술은 의견이 엇갈린다. '백약 중 최고'라고 말하는 사람도 있다. 이것도 마시는 양의 문제지만, 동시에 개인적인 체질 문제 및 그 사람이 가지고 있는 정신적인 문제가 크게 영향을 준다.

과잉 섭취를 주의해야 하는 식품

일반적으로 너무 많이 섭취하면 건강에 해롭다고 알려진 식품을 살펴보도록 하자.

탄산음료 (소다 등, 달콤한 탄산수)	설탕과 인공감미료, 인공향료 등에는 화학 물질이 많이 들어 있다.
다이어트 식품	인공감미료, 각종 첨가물이 들어 있다.
육류 가공식품 (햄, 베이컨 등)	염분이나 보존료 등 많은 식품첨가물이 들어 있다.
흰빵, 흰밥	흰 밀가루, 흰쌀이 원재료인 이들은 비타민, 미네랄, 식이섬유 등의 영양소가 제외되어 있다. 메이지 시대까지는 백미로 인한 각기로 많은 사람이 고통을 받았다. 한편 빵에는 의외로 많은 소금이 들어 있다.
마가린, 쇼트닝	트랜스지방이 들어 있다.
인스턴트 면류	식품첨가물이 들어 있다.
스낵 과자	많은 지질, 염분, 식품첨가물이 들어 있다.

다 맛있어서 과식할 것 같아!

55

독이 들어 있는 음식에는 어떤 것들이 있을까?

우리는 일상생활 속에서 독성물질에 둘러싸여 있는 것과 같다. 그중에서 독이 없는 것 혹은 적은 것을 선택한 것이 현재 섭취하고 있는 식재료다. 봄철의 산나물, 가을철의 버섯 등 천연 식재료를 먹다보면 독이 들어 있는 음식에 손을 대게 될 수도 있다.

복어

복어에는 **테트로도톡신**이라는 맹독이 있다. 복어의 독은 복어가 스스로 만드는 게 아니라, 자연산 먹이에 포함된 독이 복어에게 쌓인 것이다. 따라서 양식 복어에는 독이 없다.

복어에는 다양한 종류가 있으며 독의 유무, 독이 있는 부위가 다르다. 아마추어는 손을 대지 않는 게 현명하다.

산나물

봄이 되면 매년 산나물을 먹고 식중독에 걸리는 사람이 생겨난다. 산나물의 식중독 중 대부분은 채소와 독초를 오인하여 발생한다.

자주 일어나는 것이 수선화를 부추로 착각하여 섭취하는 경우다. 수선화에는 부추 특유의 냄새가 없기에 착각할리 없다고 생각하지만 자주 사고가 발생한다. 화단에 심겨 있어 오인하기 쉽다. 수선화의 독성은 맹독이라고 할 정도는 아니지만, 부추로 착각하여 너무 많이 섭취하면 목숨을 잃을 수도 있다.

식재료는 아니지만 의외로 맹독인 것이 은방울꽃이다. 은방울꽃을 꽂아 둔 물을 잘못 마신 아이가 사망하는 사건도 있었다. 심장에 작용하기 때문에 고령자가 냄새를 맡거나 꽃가루를 마시면 위험하다.

한편 가로수의 협죽도에도 독성이 있다. 협죽도 나뭇가지에 고기를 꿰어 구워 먹고 사망한 사건도 있었다. 마른 나뭇가지를 구운 연기에도 독이 들어 있다. 뿐만 아니라 심은 땅에도 독이 깊이 스며든다. 이런 위험한 식물이 가로수로 선정된 것은 불가사의한 일이다.

버섯

가을철 신문에는 버섯 중독에 관한 기사가 나열된다. 위험한 것은 노란다발버섯이다. 식용인 개암버섯과 꼭 닮았기 때문에 전문가도 실수하는 경우가 많으며, 때때로 휴게소에서 실수로 팔아 TV에서 회수 요청을 하기도 한다. 독성이 강해서 사망 사례가 많다.

나도느타리버섯은 식용 버섯으로 지정되었다. 그런데 2004년 가을, 신장 기능 장애를 가진 사람이 먹고 급성 뇌증을 일으키는 사고가 잇따랐다. 같은 해에 일본의 여러 현에서 59명이 발병해, 17명이 사망했다. 그중에는 신장에 이상이 없는 사람도 있었다.

아직 그 원인이 밝혀지지 않았고, 이 버섯은 섭식 금지가 되었다.

56

왜 식중독이 생기는 걸까?

식중독은 음식물이 원인이 되어 발생한다. 과연 어떤 메커니즘으로 식중독이 생기는 걸까?

식중독의 원인

식중독을 일으키는 세균, 이른바 박테리아에는 다양한 종류가 있다. 한편 바이러스에는 노로바이러스나 E형 간염바이러스 등이 있지만, 최근 발생한 바이러스성 식중독의 90%는 노로바이러스에 의한 것이다.

식중독을 일으키는 주요 세균과 바이러스를 살펴보도록 하자.

살모넬라균

동물의 장속을 비롯해 하수, 하천 등, 자연계 도처에 존재한다. 인간의 장속에서 증식하면 식중독을 일으킨다. 달걀에 묻어 있을 수 있으므로 주의해야 한다.

장염비브리오균

해양세균이라는 별명처럼 바닷물 속에 많은 세균이다. 그래서 어패류, 특히 생선회는 식중독의 원인이 된다. 살모넬라균과 함께 식중독

사례가 많은 세균이다.

캄필로박터균

소, 돼지, 닭 등의 소화 기관에 번식하는 세균이다. 열, 건조에는 약하지만 10℃ 이하에서 장기간 생존한다. 냉장고 안에서도 생고기와 다른 식품의 접촉은 피해야 한다.

포도상구균

보통 인간의 피부, 점막, 상처 등에 존재한다. 식품에 부착하여 증식을 시작하면 엔테로톡신이라는 독소를 생산한다. 이 독소는 강하며, 100℃에서 30분간 가열해도 독성은 없어지지 않는다. 예방을 위해서는 감염을 피하기 위해 위생관리를 철저히 하는 수밖에 없다.

병원성대장균

대장균은 인간의 소화기관에도 번식하는 흔한 세균이지만, 어떤 종류의 대장균은 인간의 체내에서 독소를 생산하여 식중독 증상을 일으킨다. O-157 대장균이 유명하다.

보툴리누스균

보툴리누스균의 독소는 맹독이지만, 가열하면 활성을 잃고 무독이 된다. 80℃에서 30분간, 100℃에서 몇 분간 가열하면 무독이 된다.

그러나 세균 자체는 열에 강해서, 균을 죽이려면 100℃에서 6시간 정도 가열해야 한다. 게다가 이 세균은 포자라는 휴면 상태를 취한다. 이것은 120℃에서 4분 이상 가열하면 활성을 잃는다. 사실상 요리할 때의 온도로 균을 죽이는 것은 불가능하다.

노로바이러스

노로바이러스는 인간이나 소의 장속에서 번식한다. 대변에 섞여 배출되면 접촉 혹은 비말에 의해 감염된다. 한편 그 대변이 바닷물로 배출되면 조개 속에 들어가서 이를 먹은 인간의 체내에 들어가 번식한다.

1년 내내 발병하지만, 11월부터 3월까지 발병이 많이 보고되며, 겨울철 식중독의 주된 원인은 노로바이러스에 의한 것으로 간주되고 있다.

효과적인 예방법은 손을 잘 씻는 것이다. 특히 요리를 하는 직업에 종사하는 사람은 세심한 손 씻기가 중요하다.

57

패류독소란 무엇일까?

조개는 맛있는 음식물이지만 때로는 무서운 독성물질로 변하기도 한다. 그것은 바로 패류독소다.

패류독소란 무엇일까?

패류독소는 가리비나 굴과 같은 쌍각류의 조개가 유독성 플랑크톤을 먹이로 섭취하여 조개류의 체내에 일시적으로 축적된 독을 말한다. 식용되는 조개는 스스로 독소를 만들어 낼 수 없다.

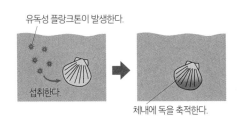

유독성 플랑크톤이 발생한다.

섭취한다.

체내에 독을 축적한다.

조개류의 식중독 발생 건수는 생식으로 섭취해 장염비브리오균나 노로바이러스에 의한 중독이 압도적으로 많고, 패류독소에 의한 중독은 전체의 10% 이하에 불과하다. 그러나 패류독소를 가열해도 독성이 거의 없어지지 않으며, 효과적인 치료약도 없기 때문에 사망 사고로 이어지는 경우도 있다.

일본에서 발생하는 패류독소는 유독성 플랑크톤의 종류에 따라 설사성 패류독소와 마비성 패류독소로 분류한다.

- **설사성 패류독소** : 심한 설사를 일으킨다. 그러나 거의 3일 이내에 회복되며, 사망 사례는 없다. 가리비, 바지락 등에 들어 있다.
- **마비성 패류독소** : 이 독소의 독성은 강하며, 이 독소가 있는 조개를 먹으면 10~30분 만에 입술, 혀, 안면 등이 저리고 심한 경우에는 호흡 곤란을 일으킨다. 독소는 식후 몇 시간이면 체외로 배설되지만, 다수의 사망 사례가 있다.

  이 독을 가진 조개로는 가리비, 굴, 바지락, 피조개, 홍합 등 다양한 종류의 조개가 있다.

패류독소의 감시

패류독소의 원인이 되는 유독성 플랑크톤은 1년 중에 극히 한정된 시기에만 출현한다. 따라서 원인이 되는 플랑크톤의 발생을 미연에 예측하는 것이 중요하다.

패류독소는 관계 기관에 의해 감시되고 있으며, 독화된 조개류가 시장에 나오는 일은 기본적으로 없다. 이상이 발견되었을 경우에는 즉시 생산, 출하의 자율 규제를 지도한다. 그리고 필요 일수가 경과하여 독성이 불검출된 경우에 자율 규제를 해제한다.

조개류에는 영양소가 듬뿍 들어 있다.

조개류에는 아미노산인 글루탐산이나 호박산 등 감칠맛 성분이 듬뿍 들어 있다. 게다가 미네랄도 풍부하여 칼슘, 철, 아연, 마그네슘, 칼륨 등이 포함되어 있다. 이들은 골다공증이나 철결핍성 빈혈 예방에 도움이 된다. 패류독소에 주의하면서 섭취해야 한다.

칼럼

복어의 독인 '테트로도톡신' 이란 무슨 뜻일까?

복어의 독은 '테트로도톡신'이라는 발음하기 어려운 이름이다. 왜 이런 복잡한 이름이 붙여졌을까?

뒤에 붙은 '톡신'은 독이라는 뜻이다. 일반적으로 독이라고 하면 포이즌을 떠올리기 쉽지만, 포이즌은 독의 일반적인 이름이고, 생물이 분비하는 독은 특별히 톡신이라고 한다. 그렇다면 '테트로도'는 무슨 뜻일까? 이것은 '테트라+오도'다. '테트라'는 그리스어로 '4'를 나타내는 수사다. 해안에 설치된 파도를 막는 블록인 테트라포드는 발이 4개다. 그리고 '오도'는 그리스어로 '턱, 이'라는 뜻이다. 즉 '테트로도톡신'이란 '4개의 독 이빨'이라는 뜻이다. 낚시를 좋아하는 사람이라면 이것이 무슨 뜻인지 눈치챘을 것이다. 복어가 날카로운 4개의 이빨로 낚싯줄을 물어뜯거나, 양식장에서 서로 잡아먹기 시작하여 상처투성이가 되는 일도 있다고 한다. 이쯤 되면 이런 이름을 붙인 사람은 상당한 낚시 애호가라고 추측된다.

제 **6** 장

생활 습관과 영양소

58

왜 콜레스테롤은 몸에 해로울까?

'콜레스테롤은 몸에 해롭다'라는 말을 들어본 적이 있는가? 그러나 현재는 일부가 수정되어 '나쁜 콜레스테롤'은 몸에 해롭지만 '좋은 콜레스테롤'은 몸에 좋다고 한다. 도대체 무슨 말일까?

콜레스테롤이란?

제2장에서 살펴본 것처럼 콜레스테롤은 인간의 몸에 존재하는 '지질'의 일종이다. 유해물질처럼 보이는 경우가 많지만, 콜레스테롤 자체는 세포막이나 각종 호르몬, 담즙산을 만드는 중요한 재료이며, 몸에 필요한 물질이다.

콜레스테롤은 필요량의 20~30%는 식품을 통해 섭취하지만, 나머지 70~80%는 체내에서 당이나 지방을 사용해 간에서 합성된다. 그 총량은 체내에서 잘 조정되고 있다.

나쁜 콜레스테롤과 좋은 콜레스테롤은 무엇일까?

콜레스테롤은 혈액 속에서 과잉 혹은 부족 상태가 되면 동맥경화증과 같은 생활습관병의 원인이 되며, 건강을 해치는 것으로 알려져 있다.

콜레스테롤이 혈중에 녹아내리면 반드시 단백질과 결합하여 지질단백질이 된다. 이것이 생활습관병의 원인이 되는 것이다.

지질단백질에는 간이 저장해 둔 콜레스테롤을 몸 전체로 운반하는 역할을 하는 LDL(저밀도 지질단백질)과 혈관 벽에 쌓인 콜레스테롤을 간으로 운반하는 역할을 하는 HDL(고밀도 지질단백질)이 있다.

LDL은 세포로 콜레스테롤을 운반하고 체내의 콜레스테롤을 증가시키므로 '**나쁜 콜레스테롤**', 반대로 HDL은 여분의 콜레스테롤을 간으로 운반하고 콜레스테롤을 회수하는 기능이 있으므로 '**좋은 콜레스테롤**'이라고 한다.

콜레스테롤의 좋은 점과 나쁜 점

좋은 콜레스테롤과 나쁜 콜레스테롤, 이 두 콜레스테롤의 균형이 깨져 혈중 콜레스테롤이 과잉되는 것이 이상지질혈증으로 불리는 상태다.

그러나 콜레스테롤이 과잉되었을 경우뿐만 아니라 콜레스테롤이 부족한 경우에도 면역력이 떨어져 뇌출혈의 위험을 증가시킨다. 미국에서 진행된 역학조사에서는 콜레스테롤이 많든 적든 수명이 줄어든다는 결과가 나왔다. 즉 LDL 콜레스테롤이 많이 포함된 동물성 지방은 가급적 삼가고, HDL 콜레스테롤을 늘리는 효과가 있는 등푸른생

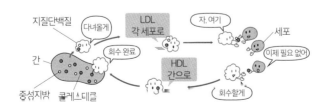

선과 콜레스테롤을 줄이는 효과가 있는 식물성 지방을 균형 있게 섭
취하는 게 가장 건강에 좋은 방법이다.

59

매일 차나 커피를 마시면 건강에 좋을까?

한숨 돌리거나 잠을 깨기 위해 차나 커피를 하루에 몇 잔씩 마시는 사람도 있을 것이다. 차나 커피가 건강에는 어떤 영향을 주는지 영양적인 측면에서 살펴보도록 하자.

차를 마시는 습관

커피, 녹차, 홍차, 우롱차 등 차를 마시는 습관은 현대인에게 몸에 배어 있다. 오전에 한잔, 오후에 한잔, 간식과 함께 또 한잔, 하루에 몇 잔씩 마시는 사람도 있을 것이다.

나고야 지역에서는 '모닝 서비스'라는 서비스 제도가 시행되고 있는데, 어느 곳을 가든 오전에는 커피 값만 내면 '커피+토스트+삶은 달걀 등…' 조식 세트와 같은 것이 나온다고 해서 단골손님들로 만원을 이룬다.

그런데 과연 차를 마시는 습관이 건강에 좋은 걸까?

녹차, 홍차, 우롱차의 원료는 찻잎이며, 이를 쪘는지 발효시켰는지에 따라 다르기 때문에 성분에는 큰 차이가 없다. 하지만 커피는 커피 열매 속의 씨앗을 볶은 것이기 때문에 차와 다르다.

차나 커피에 포함된 카페인

차와 커피에 모두 포함된 성분은 **카페인**이다. 카페인은 각성제라고 할

만큼 섭취하면 졸음이 달아나고 머리가 맑아져 업무 효과가 향상된 다고 한다.

좋은 점만 있는 것 같지만 많이 마시면 두통, 현기증 등의 증상이 나타나며, 짧은 시간 동안 3g(커피 25잔 정도)을 마시면 목숨을 잃을 수도 있다.

한편 마약처럼 의존증이 생기므로 계속 마시면 안 마실 수가 없기 때문에 억지로 끊으려고 하면 금단 증상이 나타난다.

차나 커피에 포함된 폴리페놀

차와 커피에 모두 포함된 또 다른 성분은 바로 **폴리페놀**이다.

폴리페놀[1]이란 식물이 스스로를 활성산소로부터 보호하기 위해 만들어내는 물질이며, 대표적인 항산화 물질이다. 폴리페놀의 종류 는 8,000가지 이상이다.

차의 폴리페놀을 카테킨이라고 하는데, 블루베리의 안토시아닌, 카레의 쿠르쿠민도 폴리페놀의 일종이다. 커피에는 카페인보다 폴리 페놀이 더 많이 들어 있다.

폴리페놀의 다양한 건강 효과

차에 포함된 폴리페놀은 구취 예방 효과가 있으며, 혈중 콜레스테롤 농도를 낮추는 작용을 하는 것으로 밝혀졌다.

------

1 거북의 등딱지를 닮은 화학 물질인 벤젠에 OH 원자단(수산기)을 여러 개(poly) 가진 식물 성 분의 총칭이며, '폴리페놀'이라고 불린다.

인간이 암에 걸리는 원인 중 약 80%가 식생활과 흡연 등 생활 습관 요인에 의한 것으로 추정하고 있다.

녹차를 자주 마시는 지역에서는 암 발생률이 낮은 것으로 알려져 있으며, 최근에는 일본 국내뿐만 아니라 미국에서도 녹차의 암 억제 효과가 주목받고 있다.

차에 포함된 폴리페놀은 바이러스에 대해서도 감염을 막아주는 효과가 있다고 하며, 인플루엔자 바이러스에도 그 효과가 인정되고 있다. 혈압 상승을 억제하는 기능도 있다.

지방의 산화를 억제하여 노화를 방지하는 효과도 있으며, 알츠하이머병의 원인으로 지목되고 있는 비정상적인 단백질을 억제하는 것으로 알려져 있다.

이런 다양한 효과를 가진 폴리페놀이 포함된 차는 논칼로리 음료로 칼륨, 칼슘, 나트륨, 망간, 구리, 니켈, 몰리브덴 등 많은 미네랄과 비타민 C도 포함되어 있다.

차가 불로장수의 묘약으로 불려온 이유를 알 것 같다. 커피에도 폴리페놀이 듬뿍 들어있기 때문에 그 효과는 거의 같다고 생각해도 좋을 것이다.

커피도 알츠하이머병과 제2형 당뇨병의 발병을 억제할 가능성이 있다고 한다. 한편 현재 치료법이 없어서 난치병 중 하나로 꼽히는 파킨슨병의 발병을 억제하는 효과가 있을 수도 있다고 한다.

이렇게 생각하면 차를 마시는 습관은 건강에 좋다고 할 수 있지 않을까?

그러나 지나침은 미치지 못함과 같다. 카페인에 중독되어 마시지 않으면 손이 떨리는 일이 없도록 해야 한다.

안 돼!

폴리페놀

왜 숙취가 생기는 걸까?

숙취는 불쾌한 것이다. 왜 유쾌했던 술이 다음 날이면 불쾌한 것으로 바뀌는 걸까?

숙취의 메커니즘

술에 포함된 알코올은 에탄올(CH_3CH_2OH)이다. 이것이 체내로 들어가면 알코올 탈수소효소에 의해 산화되어 아세트알데하이드(CH_3CHO)라는 유해 물질로 변화한다. 이것이 '숙취의 원인'이다. 그러나 즉시 알코올 탈수소효소가 작용하여 아세트산(CH_3COOH)으로 산화시켜 주고, 이후 아세트산은 이산화탄소와 물이 되어 배출된다.

즉 체내에 아세트알데하이드가 있기 때문에 숙취가 생기는 것이다. 아세트알데하이드를 즉시 없애려면 아세트알데하이드 산화효소가 작용하면 된다.

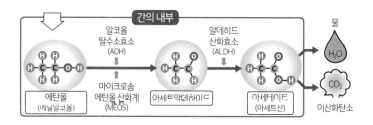

그런데 이 효소의 양은 유전적으로 정해져 있다고 한다. 따라서 부모님이 술을 못 마시는 사람이라면 술을 못 마시는 사람일 가능성이 있다. 체념하고 과음은 하지 않는 것이 현명하다.

메탄올의 해로움

전쟁이 끝나고 얼마 지나지 않았을 무렵, 사람들 눈에 띄지 않는 술집에서 수상한 소주를 판매했다고 한다. 이것은 에탄올이 아니라 메탄올(CH_3OH)을 넣은 술이다. 메탄올은 주세를 내지 않으므로 가격이 저렴했기 때문이다. 그런데 이것을 마시면 실명을 하거나 심하면 목숨까지 잃게 된다고 한다. 도대체 왜 그럴까?

메탄올과 에탄올은 구조가 매우 비슷하고 반응도 똑같다. 그러나 메탄올은 체내에서 알코올 탈수소효소에 의해 산화되어 독극물 포름알데히드($HCHO$)가 된다. 이것은 옛날에 고등학교 생물 실험실에서 광구병에 개구리나 뱀이 액체에 잠겨 하얗게 되어 있던 그 액체, 포르말린의 원료다. 포름알데히드는 새집증후군의 원인이기도 하다.

한편 산화가 되면 독성 물질인 포름산($HCOOH$)이 된다. 이런 것이 체내에서 발생한다면 도저히 살 수 없을 것이다.

한편 눈이 빛을 감지하기 위해서는 레티날이라는 시각물질이 필요하다. 레티날은 비타민 A를 산화하여 만들기 때문에 눈 주위에는 비타민 A를 산화시키는 알코올 탈수소효소가 많이 존재한다. 그 결과 메탄올은 우선적으로 눈 주위에서 유해물질인 포름알데히드나 포름산을 발생하는 것이다.

따라서 메탄올의 피해가 약하면 우선 눈을 공격당하고, 심하면 목숨까지 잃게 되는 것이다. 외국에서는 아직도 메탄올 술이 난무하는 곳이 있는 것 같다. 수상한 장소에서 술을 마시는 건 목숨을 건 일이다.

61

술안주로 어떤 영양소를 섭취하면 좋을까?

술 하면 빼놓을 수 없는 것이 술과 곁들여 먹는 술안주다. 안주의 역할은 허기를 달래주는 것만이 아니다. 위장에 들어간 술의 흡수를 늦춰주며 위장을 보호하고 취기를 늦춰주는 중요한 역할도 한다.

안주의 효과

안주는 단순히 맛있고 허기진 배를 채우거나 술맛을 좋게 해주는 것만은 아니다. 몸을 위해서도 좋은 효과를 가져다준다. 안주를 먹지 않고 술만 마시면 건강을 해치는 원인이 된다.

위와 장을 알코올로부터 보호하는 작용

술을 마시면 알코올이 위와 장으로 흘러 들어간다. 알코올은 위와 장의 점막에 자극을 준다. 그 결과 점막은 심하면 짓무른 것 같은 상태가 된다. 이것이 계속되면 위산 과다나 위궤양 등으로 이어진다. 그러나 안주를 먹으면 안주의 성분이 점막 위에 층층이 쌓여 막처럼 위벽을 덮고 위를 보호해 준다.

취기를 늦춘다

자주 경험하는 일이지만, 배가 고픈 채로 술을 마시면 취기가 빨리

216

돈다. 알코올은 다른 식품과 달리 분해되거나 소화되지 않고 그대로 흡수된다. 마치 물이 흡수되는 과정과 비슷하다. 특히 알코올은 장뿐만 아니라 위벽에서도 20%는 흡수된다.

공복에 술을 마시면 위장이 텅 비어 있기 때문에 알코올은 위에서 흡수되어 취기가 돌고, 이후 장으로 급격히 흡수된다. 따라서 취기가 빨리 도는 것이다.

이와 반대로 안주가 위에 들어 있으면 알코올은 안주에 흡수되어 위에서는 흡수되기 어려워지고, 게다가 좀처럼 장으로 진행할 수 없게 된다. 그 결과 흡수가 늦어지기 때문에 취기도 천천히 도는 것이다.

알코올 분해에 필요한 영양소의 보충

위와 장에서 흡수된 알코올은 간에서 알코올 탈수소효소라는 효소에 의해 산화되어 **아세트알데하이드**라는 화학 물질이 된다. 이는 유해 물질로 숙취의 원인이 되는 물질이다. 그러나 알데히드 탈수소효소가 아세트알데하이드를 산화하여 무해한 아세트산으로 바꾸어 주며, 최종적으로 이산화탄소와 물이 되어 체외로 배출된다.

이처럼 알코올을 분해, 무해화되기 위해서는 간의 기능이 중요한데, 간을 활발하게 유지하기 위해서는 단백질과 비타민, 특히 비타민 B_1이 필요하다. 안주는 이런 영양소를 보충해 주는 역할을 한다.

추천 안주

샐러드나 해조류

음식을 먹고 술을 마시면 점점 혈당치가 올라간다. 급격한 혈당치의 증가는 비만으로 이어진다. 채소나 해조류는 급격한 혈낭지 상승을 막아준다. 한편 요리나 주류의 소화 흡수도 늦춰 준다. 샐러드가 없는 경우에도 회나, 고기 요리에 채소나 해조류를 곁들여서 먹도록 하자.

풋콩, 두부처럼 콩으로 만든 식품

콩에는 양질의 식물성 단백질과 비타민 B_1이 풍부하게 포함되어 있어 간 기능의 회복을 돕는다.

고기, 생선처럼 동물성 단백질이 풍부한 식품

동물성 단백질이 포함된 식품은 숙취를 막아줄 뿐만 아니라 지질과 탄수화물의 과잉 섭취를 막아준다. 그런 의미에서 생선회나 치즈 등은 최고의 안주라고 할 수 있다.

간, 시금치처럼 엽산이 풍부한 식품

엽산은 알코올을 분해하는 데 필요한 영양소다. 그 밖에도 엽산에는 뇌졸중과 심근경색증, 치매를 예방하는 효과도 있다. 간은 단백질 보충의 측면에서도 뛰어나다.

마무리는 라면으로 영양소 공급

술을 마시고 난 후, 라면 섭취는 살이 찌는 원인이 된다고 한다. 물론 그렇겠지만, 알코올 분해에 필요한 영양소 보충이라는 좋은 면도 있다. 마무리로 라면이 먹고 싶어지는 것은 몸이 당과 수분과 염분을 원한다는 증거다. 과식하지 않을 정도로 보충해 주는 것이 좋다. 그

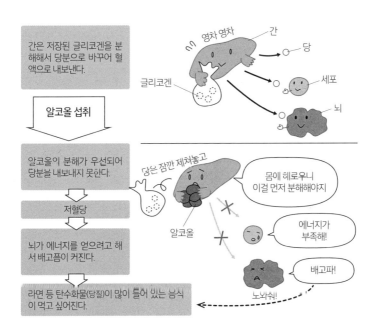

러나 단순히 술을 마시고 난 후에 먹는 게 습관일 뿐이라면 주의하는 편이 좋다.

술과 건강

스님은 술을 마시지 않는다고 하지만 꼭 그렇지만은 아니다. 장례식이나 법회의 자리에서의 술은 '반야탕'이라고 하는데, 스님은 윗자리에 앉아 맛있게 술을 마신다. 마이크를 건네면 불경을 대신 노래가 나온다. 흔히 '비린내 나는 생선을 먹은 사람과 술에 취한 사람은 절의 경내로 들어오지 마시오'라고 쓰인 돌기둥이 문 앞에 세워진 절이 있는데, '스님이 직접 술을 가지고 들어가지 않았다면 어떻게 술이 있는 거지?'라고 묻고 싶어진다.

헤이안 시대의 명승 코우보우 대사 구카이도 고야산의 불당에서 술을 마셨다고 한다. 고야산에서는 '쓰마무키노사케'라는 홍법대사와 연관이 있는 술을 팔고 있다.

구카이의 어머니가 추운 겨울 고야산에서 수행을 하는 구카이가 감기에 걸리지 않을까 염려되어 직접 담근 술을 보냈다고 한다. '쓰마무키'란 어머니가 벼를 한 톨 한 톨 손톱으로 벗겨낸 쌀로 빚은 술이라는 뜻이라고 한다.

남의 이목을 의식하지 않고 매일 밤 술을 마시면서 '술이 건강에 해롭지 않을까?'라고 생각하는 사람도 있을 것이다. 하지만 이렇게 마신 술은 스트레스의 원인이기 때문에 당장 끊어야 한다. 술을 마시면서 스트레스를 받는다면 술을 끊는 방법밖에 없다. 스트레스를 받으며 마신 술은 뒷맛도 나쁠 것이다.

과음은 좋지 않지만 매일 밤 마시는 저녁 반주는 몸에 좋다고 말하는 사람도 있다. '매일 밤 과음을 하면 어떻게 되는 거야?'라는 질문은 잠시 내버려 두고, '호메오스타시스'라는 용어를 살펴보도록 하자.

이런 기능 때문에 '술을 한 번에 많이 마시면 안 좋지만 꾸준히 섭취하는 것은 건강에 좋다'고 말하기도 한다.

마찬가지로 호메오스타시스의 혜택을 받고 있는 것으로 '라듐 온천'이 있다. 이 온천은 물 속에 방사성 기체인 라돈이 녹아 있어, 그 원자핵 붕괴에 의해 알파(α)선을 방출하는 온천이다. 알파(α)선이 유해하다는 건 말할 것도 없고, 폐암의 유인이 되는 것으로 밝혀졌다.

하지만 일본에 몇 군데나 있는 라듐 온천은 모두 인기 있는 온천이다. 방사선을 한 번에 대량으로 쬐면 위험하지만, 소량씩 계속적으로 쬐면 건강에 좋다는 '방사선 호메오스타시스' 이론에 의해 옹호되고 있다. 하지만 이 호메오스타시스 이론은 의학적으로 검증된 것은 아니므로 반주든 온천이든 '책임은 자신이 져야 한다'라는 것이다.

'일주일에 이틀은 금주해야 간이 쉴 수 있다'라며 '간을 쉬게 하는 날'을 주장하는 사람도 있지만, 이것은 다이쇼 시대에 니가타대학교의 의학부 교수가 주장한 것이 시작이라고 한다. 그러나 이 교수가 한 말에는 수식어가 따르는데 '매일 1L 이상의 술을 마시는 사람이라면 일주일에 하루는 금주를 하라'는 것이다.

62 어린이는 어떤 영양소를 섭취하면 좋을까?

초등학생부터 고등학생까지는 한창 성장기라서 일생 중 가장 많은 영양소를 필요로 한다. 따라서 이 시기에는 영양소 결핍이 발생하기 쉽다.

어떤 영양소가 필요할까?

영양소가 부족하면 성장이 늦어지는 것은 당연하다. 게다가 질병에 대한 저항력도 약해진다. 최근 알레르기나 생활습관병으로 고통받는 어린이들이 증가하고 있는데, 영양소의 불균형이 그 원인이라고 알려져 있다.

특히 성장기 어린이에게 필요한 영양소는 다음과 같다. 12~14세의 하루 권장량은 성인과 거의 같은 양으로 설정되어 있다.

- 단백질 : 12~14세(남성)의 경우 하루 단백질 권장량은 60g으로 성인 남성과 동일하다. 한편 여성의 경우 12~17세의 권장량(55g/일)은 성인 여성(50g/일)보다 많은 양이다.
- 철 : 성장기에는 산소를 운반하기 위한 헤모글로빈 양이 증가한다. 헤모글로빈은 철을 포함한 단백질이다. 따라서 체내에서 필요로 하는 철의 양이 현저하게 늘어난다. 이 결과 성장기에 철결핍성 빈혈이 발생하는 아이가 적지 않다. 학교에서 조례 시간에 빈

혈로 쓰러지는 학생이 발생하는 건 이러한 이유 때문이다.

철의 권장량이 일생 중 가장 많은 것은 남녀 모두 12~14세경으로 남성은 11mg/일, 여성은 14mg/일(월경이 있는 경우)로 설정되어 있다.

- 칼슘, 마그네슘, 비타민 D : 건강한 뼈와 치아 발달에 꼭 필요한 영양소다. 햇볕을 쬐는 시간이 짧은 경우에는 체내에서 비타민 D 합성이 적어지기 때문에 비타민 D의 보충도 중요하다.
- 아연 : 세포분열에 꼭 필요한 미량 원소로 결핍되면 발달 부전, 식욕부진, 미각 장애, 상처 치료부전을 일으킨다. 아연은 굴에 많이 들어 있다. 생굴, 굴밥, 굴전골, 굴튀김을 싫어하는 아이도 있겠지만 어떻게든 좋아하는 음식을 통해 섭취해야 한다.
- 비타민 B군 : 에너지의 생산, 성장, 뇌와 신경의 발달에 꼭 필요하다.

어린이의 특수성

어린이는 성장 중에 있기 때문에 성장한 부분과 다 성장하지 못한 부분이 혼재되거나 심신이 불균형하고 불안정한 상태에 있다. 그만큼 조심하지 않으면 안 되는 문제도 있다.

과잉 섭취

비타민은 먹는다고 다 좋은 게 아니다. 잘 알려진 바와 같이, 비타민이 부족하면 결핍증을 일으키지만, 너무 많아도 과잉증이 발생한다.

특히 지용성 비타민의 경우에는 한번 체내에 들어가면 배출되기 어렵기 때문에 과잉 섭취가 문제가 된다. 일반적으로 어린이는 성인보다 비타민의 독성에 더 민감하게 반응하는 것으로 알려져 있다.

따라서 12세 이하의 아이에게 과잉증에 대한 주의가 필요하다. 특히 미네랄이나 지용성 비타민을 건강기능식품으로 섭취할 때는 연령별 상한량과 건강기능식품의 함유량을 반드시 확인해야 한다. 건강기능식품에 의존하지 않고 균형 잡힌 식사를 해야 한다.

편식, 결식

최근 부모의 맞벌이 등으로 자녀 혼자 식사를 하는 경우가 많아지고 있다. 그런 경우에는 가공식품, 패스트푸드의 이용이 증가하는 경우가 많아, 영양 밸런스의 극단적인 치우침이 발생하기 쉽다.

또 게임에 열중한 나머지 밤을 새우고 아침을 먹지 않은 채 학교로 향하는 '아침 결식'이 증가하고 있다. 2009년의 조사에 따르면 14세 이하 아동의 약 6%가 아침 식사를 거르고 있다는 결과가 나왔다. 대학에서는 아침 식사 서비스를 시작한 곳도 있다고 한다.

아이들은 나라의 장래를 짊어질 보물이다. 아이들을 돌보는 것은 부모에게만 맡길 게 아니라, 사회 전체에서 길러야 한다는 자세가 중요하다.

63

고령자는 어떤 영양소를 섭취하면 좋을까?

인간은 나이가 들면 동시에 몸의 기능이 쇠약해져 간다. 씹는 힘, 삼키는 힘, 소화 기능이 떨어져 영양소를 흡수하는 것이 어려워지고 식욕도 떨어진다.

영양 결핍으로 나타나는 증상

고령자가 영양 결핍 상태에 놓이게 되면 큰 문제가 발생한다. 그렇지 않아도 나이가 들어감에 따라 체력이 떨어지는 데다 질병이 더해지면 큰 문제가 발생한다.

체력, 면역력 저하

에너지나 비타민이 부족하면 체력이 떨어져 쉽게 피로해진다. 게다가 저항력도 약해져서 감기와 같은 감염에 걸리기 쉬워지며, 한번 걸리면 낫기 어려워진다.

근육량, 근력 감소

단백질이나 철이 부족하면 근육량과 근력이 감소하고 운동 기능이 떨어진다. 그렇게 되면 운동을 하는 게 귀찮아지기 때문에 운동 부족이 되어 근육량이 더 줄어든다. 그 결과 약간의 단차에도 걸려 넘어지는 사고가 발생하게 된다.

225

골량 감소

골격은 돌이나 금속과 다르다. 한번 완성되면 죽을 때까지 유지되는 것이 아니다. 사람이 살아 있는 동안 뼈는 새롭게 덧붙여지고, 동시에 오래된 뼈는 소화와 흡수를 계속 한다. 칼슘이 부족하면 새로운 뼈를 만들어 낼 수 없게 될 뿐만 아니라, 현재의 골량을 유지하는 것도 어려워진다. 그 결과 골다공증이 쉽게 나타난다.

치매 위험 증가

비타민과 단백질이 부족하면 치매의 위험이 높아지는 것으로 알려져 있다. 특히 단백질에 포함된 아미노산의 일종인 알부민이 부족하면 인지 기능이 떨어진다고 알려져 있다.

영양 결핍의 판단 기준

그렇다면 영양 결핍 여부에 대해서는 어떤 식으로 판단하면 좋을까? 영양 결핍에 대한 판단 기준에는 세 가지가 있다.

- 체중의 감소
  반년 이내 체중 감소율이 3% 이상 혹은 체중 감소가 2~3kg 이상이면 주의해야 한다.
- BMI 수치
  BMI 수치는 (체중 kg)÷(신장 m의 제곱)으로 구한다. BMI 수치가 18.5를 밑돌면 영양 결핍 가능성도 높아진다. 70세 이상의 고령자의 적정 BMI 수치는 21.5~24.9이다. 고령자의 경우 과체중인 사람이 건강을 유지하는 데 적합한 것으로 알려져 있다.

- 혈청 알부민 수치

아미노산의 일종인 알부민 수치가 낮은 경우에는 내장 기능 등이 저하되어 있을 위험성이 있다. 아마추어가 판단하지 말고 주치의와 상담해야 한다.

고령자에게 필요한 영양소

단백질

고기와 생선, 콩으로 만든 식품, 달걀을 섭취할 뿐만 아니라 간식으로 우유, 유제품을 섭취해야 한다.

비타민, 미네랄

피부 건강과 면역 기능, 몸 상태를 조절하는 등, 살아가기 위해 꼭 필요한 영양소다. 여성의 경우 골다공증 예방을 위해 특히 칼슘 섭취가 필요하다.

수분

고령자에게 수분 보충은 특히 중요하다. 노인에게 필요한 수분은 하루에 몸무게 1kg당 40ml로 알려져 있다. 예를 들어 체중 50kg인 사람이라면 하루에 2L의 수분을 섭취해야 한다.

수분은 식수로 섭취할 뿐만 아니라 음식을 통해 섭취해도 괜찮다.

차나 과일로 섭취하는 것도 좋다. 나이가 들면 스스로 목이 마르다는 걸 알아채기도 어렵다고 한다. 열사병으로 사망하는 것도 그런 이유다. 한편 지진이나 태풍의 피난 시에는 화장실에 가는 것을 피하고자 물을 삼가는 고령자도 있는데 이는 심각한 상태에 빠질 수 있다. 물은 체내의 노폐물을 흘려주는 역할도 하고 있다. 체내의 노폐물을 쌓아두면 건강에 도움이 될 리가 없다. 목이 마르지 않아도 일정 시간이 지나면 물을 마시는 습관을 들이는 것도 중요하다.

영양소는 아니지만, 내가 부족하면 안 돼!

64

생활습관병을 예방하려면
어떤 영양소를 섭취하면 좋을까?

일본은 세계 제일의 장수국으로 알려져 있다. 그러나 한편으로는 생활습관병으로 고통받는 사람이 증가하고 있다. 건강을 유지하고 장수하기 위한 식생활이란 무엇일까? 영양적인 측면에서 살펴보도록 하자.

필요한 영양소를 균형 있게 섭취하는 게 중요하다

매일 섭취하는 식사에서 중요한 것은 맛있는 음식을 먹는 것도 많이 먹는 것도 아니다. 중요한 것은 다양한 식품을 골고루 먹는 것이다. 이를 실천하면 특별한 음식을 섭취하지 않아도 필요한 영양소가 자연스럽게 몸에 안으로 들어온다. 그중에서도 다음 사항을 주의해야 한다.

비타민류를 충분히 섭취한다

비타민은 색이 짙은 채소나 과일에 많이 들어 있다. 이런 채소나 과일을 하루에 350~400g은 섭취하도록 하자. 한편 열에 강한 비타민은 비타민 K와 나이아신 정도이며, 나머지 모든 비타민은 열에 약하다. 채소를 푹 익혀 버리면 비타민도 같이 없어져 버린다. 가능한 한 생으로 먹고, 삶는다면 가볍게 살짝 삶는 정도로 해야 한다.

식이섬유를 섭취한다

곡류는 식이섬유의 보물 창고이며, 가장 섭취하기 쉬운 식품이다. 채소 이외에도 밥이나 빵과 같은 곡류를 매일 일정량 이상 섭취해야 한다.

칼슘을 충분히 섭취한다

나이가 들어 등이나 허리가 구부러지는 대부분의 원인은 골다공증이다. 뼈를 만들기 위해서는 칼슘이 꼭 필요하다. 우유, 작은 생선, 해조류, 두부, 녹황색 채소를 충분히 섭취해야 한다.

과식 및 과잉 섭취는 질병의 위험을 높인다

과식은 비만으로 이어지며, 당뇨병, 심장병 등의 원인이 된다. 특히 다음 성분을 너무 많이 섭취하지 않도록 주의해야 한다.

소금

소금을 많이 섭취하면 고혈압, 뇌졸중, 위암 등 거의 모든 생활습관병에 걸릴 위험이 높아진다. 된장, 간장 등의 조미료, 절임 식품 섭취에 주의해야 한다. '싱거운 맛은 고급스럽고 멋스럽다'라고 생각하면 좋지 않을까?

동물성 지방

동물성 지방을 너무 많이 섭취하면 건강에 해롭다. 비만, 동맥경화증, 심장질환, 대장암, 유방암 등 많은 질병의 원인이 된다. 고기는 살코기 부분을 섭취하도록 하자.

당분

과자나 청량음료를 너무 많이 섭취하면 에너지가 몸속에 남게 된다. 다 소비되지 못한 에너지는 지방으로 바뀌어 비만의 원인이 된다.

균형 잡힌 식사

국가에서 만든 '식사 균형 가이드'가 공개되어 있어, 이를 살펴보면 어떤 식품을 얼마나 먹어야 건강에 좋은지를 일목요연하게 알 수 있다.

즉 하루에 먹으면 좋은, 양이 많은 순서대로 위에서 '주식', '부채', '주채', '우유 및 유제품', '과일'의 다섯 가지 요리 그룹으로 매일 식사를 분류하여, 구분마다 '개(SV)'라는 단위를 이용해 1일의 기준을 나타내고 있다. 이 '개'는 '하나', '둘'처럼 수량을 셀 때 쓰는 '수사'를 의미한다.

밥, 빵, 면을 주식이라고 하며, 채소, 감자, 해조류, 버섯을 주재료로 하는 요리를 부채라고 한다. 주채는 생선, 고기, 달걀, 콩, 콩으로 만든 식품을 주재료로 하는 요리를 가리킨다.

이러한 것들을 가이드에 제시된 양만큼 먹으면 건강을 유지할 수 있다. 매우 알기 쉬운 가이드이기 때문에 부엌의 벽에라도 붙여 두면 편리하지 않을까?

결론적으로 편식을 없애고 다양한 종류의 식품을 균형 있게 섭취하고 과식하지 않는 것이 중요하다. 소금, 당분을 자제하기 위해 양념은 약하게 하고 주식은 적당한 양을 생선, 고기, 콩으로 만든 식품, 유세품 위주로 섭취하도록 유의한다는 어릴 적에 들은 말을 다시 생각해 보는 것이 기본인 것 같다.

식사 균형 가이드
당신의 식사는 괜찮나요?

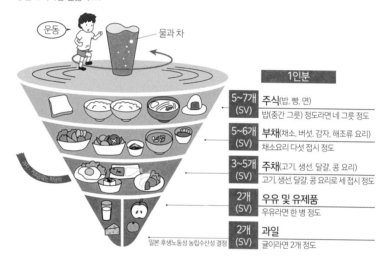

1일 3회 식사는 건강에 좋을까?

현대 일본인의 대부분은 일반적으로 아침, 점심, 저녁의 1일 3회 식사를 하고 있다. 이 식사 습관이 건강에 좋은지 생각해보자.

하루 3회 식사를 하게 된 것은 의외로 최근이다?

현대 일본인의 대부분은 아침, 점심, 저녁으로 1일 3회 식사를 하고 있다. 그러나 에도 시대까지는 아침저녁으로 하루 2회뿐이었다고 한다. 즉 밖으로 일하러 나가는 사람들에게 도시락은 없었던 것이다. 아침에 집을 나오면 점심을 먹지 않고 계속 일하고 저녁에 집에 와서 가족들과 함께 저녁 식사를 했던 것이다. 그렇다고는 하지만 당시의 시간으로 야츠(지금의 오후 2~4시)시에는 '간식'이라 하여 가벼운 식사를 했는데 이것이 '간식'의 어원이 되었다고 한다. 오늘날과 크게 달랐던 것도 아닌 듯하다.

그것을 1935년 국립영양연구소가 1일 3회 식사를 하도록 권장하면서 지금과 같은 식습관이 되었다고 한다. 그러나 세계적으로도 1일 2회 식사의 역사는 길며, 인간에게 이상적인 식습관은 1일 2회 식사라는 주장도 있다.

식사 횟수와 컨디션 관리

먹은 것이 위에서 소화되고 창자로 흡수되는 과정에는 일정한 시간이 필요하다. 먹는 횟수를 줄이면 위장이 비어있는 공복 시간이 증가하고, 그것이 위장의 휴식 시간이 된다.

그러나 다이어트를 할 때는 식사 횟수를 늘리는 게 좋다는 주장도 있다. 영양이 충실하게 보충된다는 것을 알게 되면 뇌가 '몸속에 영양을 저장하지 않아도 된다, 모든 것을 다 소비해도 상관없다'라고 판단하여 지방을 축적할 수 없게 되므로 살이 찌지 않는다는 것이다. 뇌도 상당히 생각하고 있는 것 같지만, 사실 여부는 뇌에 물어 보지 않으면 모른다. 그중에는 완고하게 축적을 계속하는 사람도 있을지도 모른다.

한편 일이 바빠서 저녁 식사가 늦어지기 쉬운 사람에게 추천하는 것이 하루 네 끼 식사다. 아침, 점심, 저녁 식사 외에 저녁에는 당질을 억제하는 저칼로리 가벼운 식사를 하는 것이다. 이로 인하여 늦은 밤에 먹는 저녁 식사로 폭식을 막을 수 있다.

다양한 식사 횟수

식사 횟수를 바꾸면 어떻게 되는지 살펴보도록 하자.

1일 1회

인간이 한 끼에 먹을 수 있는 양은 한계가 있으므로, 하루에 섭취하는 에너지량이 적어지고 과식은 억제된다.

그러나 공복 시간이 길어지기 때문에 영양소가 흡수되기 더 쉬워지게 된다. 따라서 조금이라도 과식을 하게 되면 즉시 대사 증후군이 될 가능성이 있다.

1일 2회

아침과 저녁에 식사를 한다. 장점은 반나절 정도의 단식 상태를 만들어내는 것으로, 몸 상태가 회복되기 쉬워진다는 것이다. 단점은 공복 시간이 길어지기 때문에 영양소가 흡수되기 쉬워지는 것이다.

스모 선수는 하루 두 끼를 먹는데, 아침 식사를 거른다. 그렇게 되고 싶다면 1일 2회, 많은 양의 식사를 하는 것이 좋을지도 모른다. 대량의 에너지가 효율적으로 흡수되어 건강한 몸으로 만들어 줄 수 있을 것이다.

1일 3회

표준 패턴이다. 인간의 뇌가 활동하기 위해서는 약 120g의 글루코스(포도당)가 필요한데, 한 끼 식사로는 최대 60g 정도밖에 섭취할 수 없고, 약 5시간밖에 지속되지 않는다고 한다.

하루 세 끼 식사의 장점은 글루코스와 같은 영양소를 적당한 양과 타이밍으로 섭취할 수 있다는 점이다. 단점은 영양을 과잉 섭취하기 쉽다는 점이다. 한편 뇌가 글루코스를 사용하는 것은 생각할 때뿐만 아니라 몸의 기능을 유지하기 위해서도 사용된다. 오히려 그쪽이 뇌의 본업이다. '나는 생각하지 않기 때문에 사용하지 않는다'라는 것은 아니다. 인간은 살아 있는 한 뇌를 사용하고 있기 때문이다.

1일 4회

저녁에 식사를 두 번 한다. 장점은 배고픔을 느끼는 시간이 적기 때문에 폭식을 막을 수 있다. 그 반면, 다른 식사에서 조금이라도 과식하면 그것이 모여 1일 총섭취 칼로리가 과잉이 되어 살찔 확률이 높아진다.

1일 5회

1일 5회 식사는 아침, 점심, 저녁의 세 끼를 먹고 간식을 2회 추가한 것이다. 서양의 연구에서는 세 끼를 먹는 사람보다 다섯 끼를 먹는 사람이 체지방률이 적다는 결과가 있다.

하루 다섯 끼 식사는 당뇨병 환자를 위한 식사법이기도 하며, 공복과 만복의 차이가 적기 때문에 혈당치의 상승이 평온하다는 이점이 있다. 하지만 1일 총섭취 칼로리를 엄격하게 조절해야 한다. 의지가 약한 사람은 그만두는 것이 좋을지도 모른다.

이처럼 다양한 식사법에는 장단점이 있다. 요점은 스스로 시행착오

에도 시대 초기의 식생활

식사는 하루 두 끼

를 겪으면서 가장 좋은 방법을 찾아내는 것이다. 중요한 것은 유혹에 넘어가 과식하는 일이 없도록 하고, 좋아하는 것만 먹는 치우친 식사가 되는 일이 없도록 하겠다는 의지의 굳건함과 강인함이다.

66

간식으로 어떤 영양소를 섭취하면 좋을까?

어린이뿐만이 아니라, 어른도 간식을 기대한다. 과식은 주의해야 하지만, 간식에는 '피로를 풀어준다', '기분을 좋게 해준다', '식사를 통해 충분히 섭취하지 못한 영양소를 보충한다'라는 효과가 있다.

간식의 장점과 단점

식사는 4~6시간 간격을 두고 섭취하는 게 이상적이다. 그러나 일이나 집안일로 이 간격을 지킬 수 없는 경우는 얼마든지 있다. 특히 점심과 저녁 사이에 공복이 생기면, 배가 고파져 무심코 저녁을 많이 먹게 된다.

이럴 때 '간식'을 먹으면 저녁을 과식하는 것을 방지할 수 있다. 그러나 유혹에 넘어가 간식을 과식하면 저녁을 제대로 먹을 수 없게 되니 주의해야 한다. 무슨 일이든 자신을 조절할 줄 알아야 한다.

간식의 타이밍과 양

간식을 먹는 시간은 활동량이 많은 낮이 알맞다. 저녁부터 밤까지는 활동량이 적기 때문에 먹은 것이 지방으로 축적되어 과체중으로 이어질 우려가 있다. 그러나 통근으로 인해 퇴근 시간에 만원 전철을 1시간 이상 타는 사람은 저녁에 더 운동량이 많을지도 모른다. 시간은 사람마다 다르다.

간식의 양은 하루에 필요한 에너지량의 약 10%, 즉 하루 약 120~200kcal가 기준이다. 구체적으로는 주먹밥 1개(약 180kcal), 샌드위치 두 조각(약 180kcal), 견과류 25g(약 150kcal), 김센베이[1] 두 장(약 150kcal), 사과 1개(약 120kcal) 정도다.

고령자와 어린이의 간식

달콤한 과자만이 간식은 아니다. 식사만으로는 부족하기 쉬운 영양소를 간식을 통해 섭취한다는 생각도 매우 중요하다.

예를 들어 고령자라면 부족하기 쉬운 단백질, 칼슘이 포함된 우유와 요구르트, 작은 생선 건조 제품을 추천한다. 또 과일이나 젤리 등도 좋다. 그러기 위해서는 '군것질'이라고 생각할 게 아니라 '간식' 혹은 '보조식'이라고 생각하는 것이 좋을지도 모른다.

아이들에게 간식은 중요한 영양소 보충의 기회다. 어린이는 성장을 위해 많은 영양소가 필요하지만 소화기관이 미숙하기 때문에 한꺼번에 필요한 양을 먹을 수 없다. 따라서 하루 세 끼 식사만으로는 필요한 영양소를 섭취하지 못할 수도 있다.

그래서 간식을 먹음으로써 하루에 부족한 만큼의 영양소를 섭취하는 것이다. 간식은 아이들에게 식사를 보충하는 '보식'이다. 보육원에서는 간식 시간에 토스트나 우동 등 가벼운 식사를 제공하는 경

---

1 밀가루나 찹쌀가루, 달걀, 우유 따위를 묽게 반죽하여 구워 만든다. 맛을 내기 위해 깨나 김, 파래 가루를 섞기도 한다.

우가 적지 않다. 이는 바로 영양소 보충을 위한 것으로 '1일 4회' 식사의 변형이라고 생각할 수 있다.

67

왜 비만이 생기는 걸까?

갑자기 살이 더 찌기 쉬워졌다고 느낀 적은 없는가? 40대 전후에 증가하는 '중년 비만'의 원인은 과식이나 운동 부족 때문만은 아니다.

'중년 비만'의 메커니즘

40대 전후가 되면 많은 사람들이 이른바 '중년 비만'이 되지만, 그 원인은 '과식'과 '운동 부족'만이 아니다. 기본적으로는 기초대사량이 감소하는 게 가장 큰 원인이다.

인간은 아무런 활동을 하지 않아도 에너지를 계속 소비하고 있다. 그것은 심장과 장을 비롯한 근육의 운동, 뇌의 활동을 위해 에너지가 필요하기 때문이다. 이 에너지가 기초대사인데, 기초대사량의 대부분은 근육에 의한 에너지 소비다. 그런데 나이가 들면 근육량이 줄어들어 근육이 소비하는 에너지가 감소하므로 기초대사가 떨어진다. 기초대사량은 40대를 경계로 급격히 떨어진다. 즉 노화와 관련이 있는 것이다.

노화의 세 가지 원인

노화를 일으키는 원인은 '몸의 산화', '몸의 당화', '호르몬의 변화'라고 한다. 이러한 현상은 젊었을 때도 일어나지만, 특히 40대 이후의 신체에는 노화와 직결된다.

항산화

인간은 물론 모든 동물은 음식에서 섭취한 당질과 지질과 산소를 반응시키는, 즉 연소함으로써 몸과 내장, 뇌를 움직이며 살기 위한 에너지를 만들고 있다. 산소는 동물이 살아가는 데 꼭 필요한 원소이며 더할 나위 없이 소중하다.

단 동물이 산소를 들이마실 때마다, 체내에서는 노화나 질병의 원인이 되는 '활성산소'가 발생한다.

인간의 몸은 신기하게도, 몸 안에 이 활성산소를 제거하는 '활성산소 소거 효소'가 준비되어 있다. 그런데 이 양은 40대부터 줄어든다. 노화를 억제하고 살이 찌지 않는 몸을 만들기 위해서는 이 소거 효소의 양을 줄어들지 않게 하는 게 중요하다.

필요한 영양소는 베타(β)카로틴, 비타민 C, 비타민 E, 폴리페놀 등이다.

항당화

몸의 당화란 체내의 단백질과 식사에 의해 섭취한 당이 결합되어 당화 단백질로서 체내에 축적되는 것을 말한다. 단백질은 몸을 구성하는 중요한 성분인데, 당화 단백질은 원래 단백질과 달리 몸과 피부의 노화를 앞당기는 원인이 된다.

즉 노화를 억제하기 위해서는 당화 단백질을 만들지 않도록 하는

당

당화

단백질

게 좋다.

당화는 음식의 종류와 양이 아니라 음식물을 먹는 방법, 즉 식사 스타일을 바꿈으로써 억제할 수 있다. 그 방법으로는 1회 식사에 20분 이상 할애할 것, 식사는 6시간 이상 간격을 두고 먹을 것, 밥, 감자류, 호박, 과자, 케이크 등 당질이 많은 식재료를 과식하지 않을 것 등이 있다.

성장호르몬

호르몬은 인간이 자신의 몸 안에서 만드는 미량 영양소로, 몸의 조직과 기관의 작용을 조절하는 중요한 물질이다. 비타민도 같은 기능을 하지만 비타민은 인간이 스스로 만들어 낼 수 없기 때문에 식사를 통해 섭취해야 한다. 그러나 호르몬은 인간이 스스로 만들어 낼 수 있는 것이다.

DHEA 호르몬은 면역력 유지 및 강화, 항스트레스 등의 작용을 하며, 젊음과 관련되어 있으므로 회춘 호르몬이라고 한다. 이렇게 중요한 DHEA가 감소하는 안타까운 일이 일어날 수 있는데, 가장 큰 원인은 스트레스와 운동 부족이다. 스트레스는 어떤 경우에도 좋지 않은 결과를 낳는다.

스트레스는 그대로 두더라도 가벼운 근육 운동을 하면 DHEA 분비는 촉진된다. 한편 운동을 하면 근육량도 증가하므로, 필연적으로 기초대사도 증가하여 '중년 비만' 예방 및 개선에 도움이 된다.

먹는 순서에 따라 흡수율이 달라진다?

똑같은 걸 먹어도 먹는 순서에 따라 흡수율, 심지어는 체내 지방으로 저장되는 양이 달라진다. 많이 먹어도 살이 찌지 않는 꿈의 식사법을 살펴보도록 하자.

혈당치

혈당치란 혈액 속에 들어 있는 포도당의 양을 말한다. 식사에 포함된 당질이 분해되면 포도당이 된다. 따라서 식후에는 혈당치가 상승하지만, 보통이라면 췌장에서 분비된 인슐린이라는 호르몬의 작용 때문에 시간이 지남에 따라 줄어들어 식사 전의 혈당치로 돌아간다.

그런데 인슐린은 다 사용하지 못한 당을 지방으로 바꾸어 축적하는 작용을 한다. 이 때문에 어떠한 이유로 혈당이 급상승하면, 대량의 인슐린이 분해되어 그 인슐린이 남은 당을 열심히 지방으로 바꾸어 버려, 덕분에 본인은 필요도 없는데 뚱뚱해져 버리는 것이다.

먹는 순서에 따라 흡수 속도가 다르다.

탄수화물을 먹으면 식후 혈당치가 급격하게 상승하는데, 같은 양의 탄수화물이라도 종류나 먹는 방법에 따라 당질의 흡수 속도는 달라진다.

식이섬유는 소장에서의 당질 흡수 속도를 지연시키고 혈당치의 급상승을 방지하는 효과가 있다. 그래서 식이섬유가 많이 포함된 채소나 해조류로 만든 반찬부터 먼저 먹으면 혈당치의 급상승을 방지할 수 있다.

고기나 생선과 같은 단백질, 지질도 탄수화물보다 소화 흡수에 시간이 더 걸린다. 단백질은 소화 흡수되고 나서 50% 정도가, 지질은 10% 정도가 천천히 당으로 바뀌므로 당질이 주가 되는 탄수화물보다는 혈당을 훨씬 상승시키기 어렵다.

이상적인 먹는 순서

먼저 채소, 버섯, 해조류 반찬을 먹는다. 이처럼 식이섬유를 먼저 먹으면 혈당치의 급상승을 막을 뿐만 아니라, 포만감도 얻을 수 있어 자연히 식사량이 줄어든다.

다음으로 고기나 생선, 콩으로 만든 식품 등의 단백질 반찬을 먹는다. 채소만큼은 아니지만 탄수화물보다 혈당이 잘 올라가지 않고 소화 시간도 탄수화물보다 걸리므로 당질의 흡수를 더 부드럽게 한다. 그리고 마지막으로 탄수화물인 밥과 빵을 먹는다. 잘 씹어 천천히 먹으면 더욱 효과적이다.

서양식 코스 요리(샐러드 → 수프 → 고기, 생선요리 → 빵 혹은 밥)는 이 순서대로 나온다.

참고문헌

佐藤秀美『おいしさをつくる「熱」の科学』柴田書店 (2007)

ロバート・ウォルク、ハーバ保子訳『料理の科学』楽工社 (2012)

ムーギー・キム『最強の健康法』ＳＢクリエイティブ (2018)

齋藤勝裕・下村吉治『絶対わかる生命化学』講談社 (2007)

齋藤勝裕『バイオ研究者が知っておきたい化学②化学反応の性質』羊土社 (2009)

齋藤勝裕『生命化学』東京化学同人 (2011)

齋藤勝裕他『メディカル化学』裳華房 (2012)

齋藤勝裕他『コ・メディカル化学』裳華房 (2013)

齋藤勝裕『生命系のための有機化学Ⅰ』裳華房 (2014)

齋藤勝裕他『生命系のための有機化学Ⅱ』裳華房 (2015)

齋藤勝裕他『薬学系のための基礎化学』裳華房 (2015)

齋藤勝裕『毒と薬のひみつ』ＳＢクリエイティブ (2008)

齋藤勝裕『料理の科学』ＳＢクリエイティブ (2017)

齋藤勝裕『ぼくらは「化学」のおかげで生きている』実務教育出版 (2015)

齋藤勝裕『身近に潜む食卓の危険物』Ｃ＆Ｒ研究所 (2020)

齋藤勝裕『人類を救う農業の科学』Ｃ＆Ｒ研究所 (2020)

齋藤勝裕『鮮度を保つ漁業の科学』Ｃ＆Ｒ研究所 (2020)

齋藤勝裕『「発酵」のことが一冊でまるごとわかる』ベレ出版 (2019)

斎藤勝裕『「食品の科学」が一冊でまるごとわかる』ベレ出版 (2019)